中等职业教育机电类专业规划教材

PLC 技术应用

U0386080

主　编　梁珠芳　汤伟杰

副主编　梁振华　王艳芳

参　编　温猛麟　付　强　蔡建聪　龙　文　陈晓宜

主　审　董成波　郭毅刚

中国人民大学出版社

·北京·

图书在版编目（CIP）数据

PLC 技术应用/梁珠芳，汤伟杰主编. --北京：中国人民大学出版社，2020.8
中等职业教育机电类专业规划教材
ISBN 978-7-300-18713-6

Ⅰ.①P… Ⅱ.①梁…②汤… Ⅲ.①PLC 技术-中等专业学校-教材 Ⅳ.①TM571.6

中国版本图书馆 CIP 数据核字（2020）第 150743 号

中等职业教育机电类专业规划教材

PLC 技术应用

主　　编　梁珠芳　　汤伟杰
副 主 编　梁振华　　王艳芳
参　　编　温猛麟　　付　强　　蔡建聪　　龙　文　　陈晓宜
主　　审　董成波　　郭毅刚
PLC Jishu Yingyong

出版发行	中国人民大学出版社			
社　　址	北京中关村大街 31 号		邮政编码	100080
电　　话	010 - 62511242（总编室）		010 - 62511770（质管部）	
	010 - 82501766（邮购部）		010 - 62514148（门市部）	
	010 - 62515195（发行公司）		010 - 62515275（盗版举报）	
网　　址	http://www.crup.com.cn			
经　　销	新华书店			
印　　刷	天津鑫丰华印务有限公司			
规　　格	185 mm×260 mm　16 开本		版　　次	2020 年 8 月第 1 版
印　　张	13.75		印　　次	2022 年 7 月第 3 次印刷
字　　数	330 000		定　　价	42.00 元

前　言

　　本书结合目前中等职业学校工科类专业的教学现状与"PLC 编程"课程教学特点，贯彻以能力为本位，以学生为主体的职业教育教学理念，顺应当前信息化课堂教学改革的大势，将信息化技术与传统项目式教学深度融合，贯穿到项目教学的每一个环节中，使二者相辅相成，相互促进，切实帮助学生提高技能水平和课堂学习效率。本书作为中等职业教育课程改革创新教材，具有以下特点：

　　1. 始终贯彻以能力为本位的职业教育教学思想。本书紧密结合中等职业学校的专业能力和职业资格证书中的相关考核要求，整合本课程理论和技能知识点，采用以项目为载体、工作任务引领、理实一体化的教学模式进行教学，践行做中学、做中教的教学理念，注重在实训过程中培养学生的编程思维和实际操作能力。

　　2. 将信息化技术应用到项目教学的每个环节当中。在项目教学的项目描述、分析、实施、评价等教学过程中，学生通过扫项目中的二维码可以直接观看相应的控制效果、操作演示，在课前、课中、课后根据不同需要自主选择。同时，学生可配合使用"学习通"等网络学习平台完成相关的学习任务，下载和上传图片、视频和课件等，较大地提高了学生自主学习和小组学习的积极性和主动性，将以往的 PLC 程序设计和接线调试等内容给学生带来的"难学、苦学"印象转变为"愿学、乐学"，同时帮助教师解决课堂手机管理的难题。

　　3. 项目内容设计贴合实际生产和生活应用。本书将知识点和技能点整合成了 4 个模块共 15 个项目，模块 1 包括 PLC 的结构及型号的选择、软件安装与使用等 PLC 入门知识；模块 2 包括三相异步电动机的单向点动、单向连续、正反转、顺序起动逆序停止、Y-△起动等电机控制内容；模块 3 包括天塔之光、四组抢答器、交通灯、洗衣机等生活应用 PLC 控制；模块 4 包括水塔水位、机械手、装配流水线和自动送料装车等工业应用 PLC 控制。

　　4. 项目结构安排有助于教师开展教学。本书各项目的结构依次为学习目标、项目任务、项目分析、项目设备、知识平台、项目实施、项目资源、项目评价和项目拓展，结构完整、逻辑清晰，有助于教师在项目教学中把握节奏，顺利开展教学。

教学建议：

1. 本书教学内容以三菱 FX_{2N} 系列 PLC 为基础展开，实训设备采用亚龙实训台配套的实训模块，在实际教学中可结合学校的教学设备，达到相应的控制效果。

2. 本书建议总学时 72 学时，参考学时分配见下表：

项目	学时数	项目	学时数
项目 1	2	项目 9	4
项目 2	2	项目 10	4
项目 3	4	项目 11	4
项目 4	4	项目 12	8
项目 5	4	项目 13	8
项目 6	4	项目 14	8
项目 7	4	项目 15	8
项目 8	4		

由于作者水平有限，书中难免存在错漏与不足，敬请读者批评指正。

编　者

2020 年 6 月

C O N T E N T S 目录

PLC 技术的快速入门技巧

项目 1　PLC 的结构及型号的选择

一、学习目标

1. 了解 FX_{2N} 系列 PLC 内部软元件基本知识；
2. 掌握 PLC 的基本结构和工作原理；
3. 掌握 PLC 的编程语言。

二、项目任务

可编程逻辑控制器（Programmable Logic Controller，PLC）是基于计算机技术的通用工业控制设备，其集三电（电控、电仪、电传）为一体，采用可编程的存储器，存储执行逻辑运算、顺序控制、定时、计数和算术运算等操作命令，通过数字式或者模拟式的输入和输出，控制各种机械或者生产过程。简单来说，PLC 是一种专门用于工业控制的电子计算机。PLC 自问世以来，以其使用方便、工作可靠、功能完善、便于扩展等特点迅速成为工业自动化领域中最重要、应用最多的控制设备。

下面从 6 个方面讲解 PLC 的基本知识。

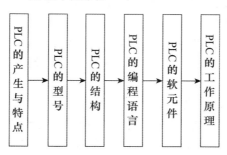

三、项目实施

1. 认识 PLC 的产生与特点

(1) PLC 的产生。

20 世纪 60 年代，汽车生产流水线的自动控制系统基本是由继电器控制装置构成的，汽车的每一次改型都直接导致继电器控制装置的重新设计和安装。随着时代的发展，汽车型号更新的周期越来越短。这样，继电器控制装置就需要经常重新设计和安装，十分费时、费工、费料，甚至拖延了产品的更新周期。为改变这一情况，1968 年，美国通用汽车公司（GM）提出了可编程控制的概念。1969 年，美国数字设备公司（DEC）根据通用汽车公司的设想，研制出了第一台可编程控制器 PDP-14，并在通用汽车公司生产线上使用成功。

1971 年，日本从美国引进这项技术，并很快研制出了日本第一台可编程控制器 DCS-8。1973 年以后，德国、法国、英国也相继开发出了各自的可编程控制器，我国于 1977 年成功研制出了以 MC14500 为核心的可编程控制器。几十年间，PLC 发展异常迅猛，目前全世界可编程控制器产品已达 400 多种，广泛应用于各行各业。

(2) PLC 控制与继电器控制的区别。

PLC 用软元件编程取代了继电器的硬接线，因此在改变控制要求时只要改变程序而不需要重新配线；同时，PLC 内部的软继电器取代了许多元器件，大大减少了元器件的使用量，简化了电气控制系统的接线。在工作方式上，继电器控制采用硬逻辑的并行工作方式，如果某个继电器的线圈通电或断电，那么该继电器的所有触点无论在控制线路的哪个位置上，都会立刻同时动作；PLC 采用扫描工作方式，即串行工作方式，如果某个软继电器的线圈被接通或断开，其所有触点不会立即动作，必须等扫描该触点时才会动作。由于 PLC 扫描速度快，因此在实际处理结果上并没有差别。

(3) PLC 的特点。

1）工作可靠，抗干扰能力强。

在硬件方面，PLC 的输入端采用 RC 滤波器，I/O 接口电路采用光电隔离；软件方面，设计了"看门狗"（Watching Dog）、故障检测、自检程序等。多种抗干扰技术的使用和严格的生产制造工艺，使得 PLC 在工业环境中能够可靠工作，平均无故障时间可达几万小时以上。

2）编程简单，使用方便。

PLC 采用类似继电器原理的面向控制过程的梯形图语言编程，形象直观，易学易懂。只需要将现场的各种设备和 PLC 相应的 I/O 端子相连接，就可以在各种工业环境下直接运行 PLC 系统软件，其采用模块化结构，便于维护、功能扩展及故障的诊断与排除。

3）功能完善，通用性强。

PLC 具有数字式和模拟式的输入、输出、逻辑运算、定时、计数、数据处理、通信等功能，可以实现逻辑控制、顺序控制、位置控制、过程控制及 PLC 的分布控制，广泛适用于机械、化工、汽车、冶炼等行业。

4）具有丰富的 I/O 接口模块，便于扩展。

PLC 采用模块化结构，针对不同的工业现场信号，有相应的 I/O 模块与工业现场的器件或设备直接连接，因此能方便地进行系统配置，组成规模不同、功能不同的控制系统。

PLC 是通过程序实现控制的，当控制要求发生改变时，只需要修改程序即可。

2.识读 PLC 的型号

（1）PLC 的分类。

PLC 按输入/输出（I/O）点数可以分为小型、中型及大型三类。

1）小型 PLC。

小型 PLC 的 I/O 点数小于 256，这类 PLC 的用户存储器的容量小于 2 KB，主要用于开关量顺序控制。

2）中型 PLC。

中型 PLC 的 I/O 点数为 256～2 048，用户存储器的容量为 2～8 KB，这类 PLC 主要用于较为复杂的模拟量控制。

3）大型 PLC。

大型 PLC 的 I/O 点数大于 2 048，其中 I/O 点数大于 8 192 的又称超大型 PLC，这类 PLC 的用户存储器的容量大于 8 KB，主要用于过程控制及工厂自动化网络。

PLC 根据结构形状，分为整体式和模块式两类。

1）整体式结构 PLC 如图 1-1 所示，它是将 PLC 电源、CPU 和 I/O 部件都集中配置在一起，称为主机。一个主机机箱就是一台完整的 PLC，可以实现控制功能。微型机和小型机多采用整体式结构。

图 1-1　整体式结构 PLC

2）模块式结构 PLC 如图 1-2 所示，它是根据系统中各个组成部分的不同功能，分别

图 1-2　模块式结构 PLC

制成独立的功能模块，各模块具有统一的总线接口，用户只需根据所需实现的功能选择满足要求的模块并组装在一起，就可以组成完整的系统，模块式结构 PLC 多用于中型和大型的 PLC 中。

（2）PLC 产品型号的含义。

如图 1-3 所示为市场上常见的几款 PLC 型号，不同厂家生产的 PLC 无论在外形还是内部结构都存在差异，同一厂家生产的不同系列的 PLC，内部结构也有差异。本书以三菱的 FX$_{2N}$ 系列 PLC 为教学用机。

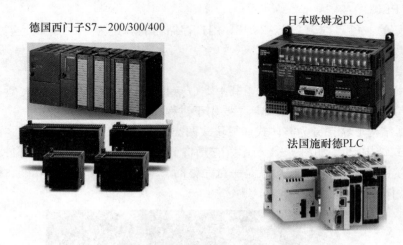

德国西门子S7-200/300/400

日本欧姆龙PLC

法国施耐德PLC

图 1-3 常见的 PLC

FX 系列 PLC 产品型号含义如图 1-4 所示。

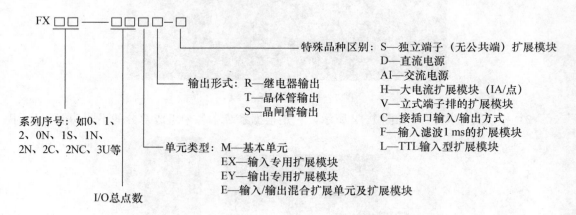

图 1-4 FX 系列 PLC 型号含义

例如，FX$_{2N}$-32 MR 型号的含义为 FX$_{2N}$ 系列，I/O 总点数为 32 点（输入、输出各 16 点），基本单元，继电器输出型。

（3）三菱的 FX$_{2N}$ 系列 PLC 面板结构。

三菱的 FX$_{2N}$ 系列为小型 PLC，采用整体式结构，面板结构如图 1-5 所示，它由外部端子部分、指示部分以及接口部分组成。

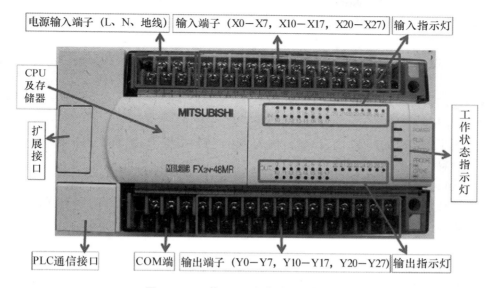

图 1-5　三菱 FX₂ₙ系列 PLC 面板结构

1）电源输入端子（L、N、地线）用于接工频 100~250 V 交流电源，直流电源端子（24＋、COM）供外部传感器使用。

2）输入端子 X 用于连接外部输入设备，输出端子 Y 用于连接被控外部负载。

3）输入/输出指示灯用于指示输入点/输出点的状态。

4）接口部分主要包括编程器接口、存储器接口、扩展接口、特殊功能模块接口。

5）工作状态指示灯包括以下几种：

POWER——电源指示灯；RUN——运行指示灯；BATT·V——电池电压降低指示灯；PROG·E——程序出错指示灯；CPU·E——CPU 出错指示灯。

3. 识别 PLC 的结构

PLC 基本单元主要由中央处理器（CPU）、存储器、总线、接口部分、输入/输出接口电路及电源模块组成，如图 1-6 所示。

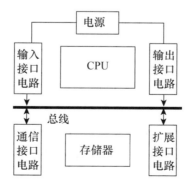

图 1-6　PLC 基本单元结构

（1）中央处理器（CPU）。

中央处理器是 PLC 的核心，主要包括算术/逻辑运算单元（ALU）和控制单元（CU）

两部分，可以完成逻辑运算、算术运算、信号变换等任务，并协调整个系统的工作。

（2）存储器。

PLC 内部的存储器包括随机存储器（RAM）和只读存储器（ROM），主要存放程序和数据。通常，随机存储器存放用户程序，只读存储器存放系统程序。中小型 PLC 存储器容量一般不超过 8 KB。

（3）总线。

总线用于将中央处理器、存储器、输入/输出接口电路及接口部分连接起来，是它们之间进行信息传送的公共通道。

（4）接口部分。

接口部分包括编程接口、外部存储器接口、扩展单元及模块接口、特殊单元及模块接口，是中央处理器与外围设备进行信息传送的通道。

（5）电源模块。

PLC 对电源稳定度要求不高，允许电源电压在额定值的 $+10\%\sim-15\%$ 范围内波动。PLC 的供电电源是市电，通过内部稳压电源，对中央处理器和输入/输出接口电路供电。大部分 PLC 电源部分还有 DC 24 V 输出，用于对外部传感器等供电。

（6）输入接口电路。

工业现场开关、按钮、传感器等输入信号，必须经过输入接口电路进行滤波、隔离、电平转换等，才能安全可靠地输入 PLC。输入接口电路中的光电耦合具有光电隔离作用，可以减少工业现场电磁干扰信号。RC 滤波用于消除输入触点的抖动和外部噪声的干扰。

（7）输出接口电路。

程序运行的结果必须经输出接口电路处理后，才可以驱动电磁阀、接触器及继电器等执行机构。输出接口电路的主要作用是将内部电路与外部负载进行电气隔离，此外，它还具有功率放大的作用。

根据负载的不同，PLC 有 3 种输出类型：继电器输出，用于低速、大功率负载，可以驱动交、直流负载；晶体管输出，用于高速、小功率负载，智能驱动直流负载；双向晶闸管输出，用于高速、大功率负载，只能驱动交流负载。

4. 应用 PLC 的编程语言

国际电工委员会（IEC）在 PLC 标准中推荐的常用编程语言有梯形图、指令表、顺序功能图和功能图块等。

（1）梯形图。

梯形图编程语言源自继电器控制电路图，沿用继电器的触点、线圈、串并联等术语和图形符号，同时增加了一些继电器-接触器控制系统中没有的特殊功能符号。梯形图编程语言直观形象，逻辑关系明显，对于熟悉继电器控制电路的电气技术人员来说，很容易接受。在 PLC 应用中，梯形图是最基本、最普遍的编程语言，如图 1-7 所示。

（2）指令表。

指令表是使用助记符的 PLC 编程语言，用助记符来表达 PLC 的各种功能，见表 1-1。它类似计算机的汇编语言，但比汇编语言容易懂，因此也是应用很广泛的一种编程语言。

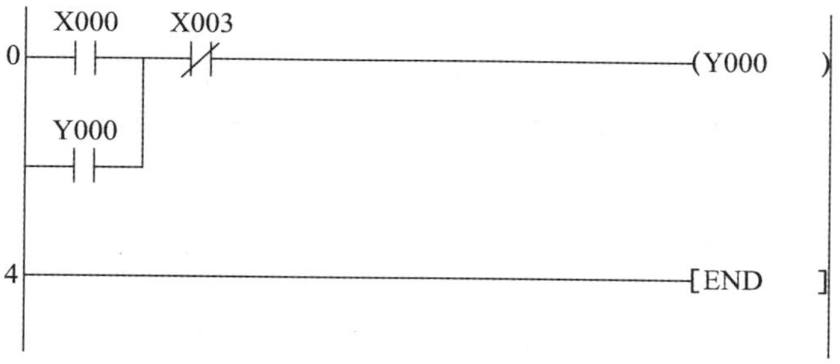

图 1-7　梯形图编程示例

通常，每条指令由地址、操作码（指令）、操作数（数据或者元器件编号）3 部分组成。使用指令表编程的特点是编程设备简单、逻辑紧凑、系统化、连接范围不受限制，但比较抽象，一般与梯形图语言配合使用，互为补充。

表 1-1　指令表举例

0	LD	X000
1	OR	Y000
2	ANI	X003
3	OUT	Y000
4	END	

（3）顺序功能图。

顺序功能图是基于机械控制流程，具有图形表达方式的一种编程语言。其将复杂的控制过程分成多个工作步，每个步有对应的工艺动作，把这些步按照一定的顺序进行排列，就构成整体的控制程序。顺序功能图编程语言条理清晰，在顺序控制中得到了广泛应用，如图 1-8 所示。

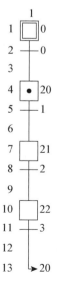

图 1-8　顺序功能图编程示例

（4）功能图块。

功能图块是一种类似于数字逻辑电路的编程语言，采用类似于"与门""或门"的方框来表示逻辑关系。功能图块编程语言具有表达简练，逻辑关系清晰等特点，在过程控制中被广泛应用。

5. 认识 PLC 的软元件

PLC 内部器件实际是由电子电路和存储器组成的。例如，输入继电器（X）是由输入电路和输入继电器的存储器组成的；输出继电器（Y）是由输出电路和输出继电器的存储器组成的；定时器（T）、计数器（C）、辅助寄存器（M）及数据寄存器（D）都是由存储器组成的。为了便于区分，我们把上述元件称为软元件，它们是抽象模拟元件，并非实际的物理器件。

PLC 内部继电器和物理继电器在功能上有些相似，PLC 内部继电器也有线圈和动合、动断触点，如图 1-9 所示。

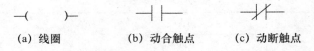

    （a）线圈   （b）动合触点   （c）动断触点

图 1-9 PLC 内部继电器的线圈与动合、动断触点

每种继电器采用确定的地址编号标记，除输入/输出继电器采用八进制地址编号外，其余都采用十进制地址编号。由于 PLC 内部继电器是由电子电路和存储器组成的，所以触点使用次数不限。

（1）输入/输出继电器（X、Y）。

FX$_{2N}$系列 PLC 输入/输出继电器的地址编号见表 1-2。

表 1-2　FX$_{2N}$系列 PLC 输入/输出继电器的地址编号

名称 \ 型号	FX$_{2N}$-16M	FX$_{2N}$-32M	FX$_{2N}$-48M	FX$_{2N}$-64M	FX$_{2N}$-80M	FX$_{2N}$-128M
输入继电器	X000～X007 8 点	X000～X017 16 点	X000～X027 24 点	X000～X037 32 点	X000～X047 40 点	X000～X077 64 点
输出继电器	Y000～Y007 8 点	Y000～Y017 16 点	Y000～Y027 24 点	Y000～Y037 32 点	Y000～Y047 40 点	Y000～Y077 64 点

输入继电器与输入端子相连，作用是将外部开关信号输入 PLC 以供编程使用。FX 系列 PLC 的输入继电器编号由 X 和八进制数共同组成，不同型号的 PLC 输入继电器数量可能不同。输入继电器不能用程序驱动，必须由外部信号驱动，但是输入继电器的触点可以无限次使用。

输出继电器与输出端子相连，作用是将 PLC 执行程序的结果向外输出，驱动各种执行器件动作。FX 系列 PLC 的输出继电器编号由 Y 和八进制数共同组成，不同型号的 PLC 输出继电器数量可能不同。输出继电器必须由 PLC 执行控制程序的结果来驱动，作为输出变量，每个输出继电器只能使用一次，不允许重复使用同一输出继电器，否则 PLC 不予执行。

（2）辅助继电器。

PLC 内部有很多辅助继电器，它们不能接收信号，也不能驱动负载，相当于物理中间继电器，用于状态暂存、中间过渡及移位等运算，在程序中起信号传递和逻辑控制的作用。辅助继电器的分类见表 1-3。

表 1-3　辅助继电器的分类

非断电保持型辅助继电器	断电保持型辅助继电器	特殊辅助继电器
M0～M499 500 点	M500～M1023 524 点	M8000～M8255 256 点

PLC 内部的特殊辅助继电器共 256 个，它们各有特殊的功能，通常分为触点利用型和线圈驱动型两类。

1）触点利用型特殊辅助继电器。

这类特殊的辅助继电器由 PLC 自动驱动其线圈，用户不能驱动其线圈，只能使用其触点。常用的特殊辅助继电器功能见表 1-4 和表 1-5。

表 1-4　PLC 状态的特殊辅助继电器

特殊辅助继电器编号	名称	功能及用途
M8000	运行监视	PLC 运行过程中为 ON，PLC 停止过程为 OFF，可作为驱动程序的输入条件或者 PLC 运行状态的显示使用
M8001	运行监视	PLC 运行过程中为 OFF，PLC 停止过程为 ON
M8002	初始脉冲	在 PLC 由 STOP 切换到 RUN 的瞬间，仅仅自动接通一个扫描周期的脉冲，用于程序的初始设定
M8003	初始脉冲	在 PLC 由 STOP 切换到 RUN 的瞬间，仅仅自动断开一个扫描周期的脉冲
M8005	锂电池电压低	当锂电池电压下降到规定值时变为 ON
M8008	停电检测	当设备停电时，出现 M8008 停电检查脉冲；当 M8008 从 ON 变为 OFF 时，M8000 变为 OFF

表 1-5　PLC 时钟的特殊辅助继电器

特殊辅助继电器编号	名称	功能及用途
M8011	10 ms 时钟	当 PLC 上电后，自动产生周期为 10 ms 的时钟脉冲
M8012	100 ms 时钟	当 PLC 上电后，自动产生周期为 100 ms 的时钟脉冲
M8013	1 s 时钟	当 PLC 上电后，自动产生周期为 1 s 的时钟脉冲
M8014	1 min 时钟	当 PLC 上电后，自动产生周期为 1 min 的时钟脉冲

2）线圈驱动型特殊辅助继电器。

对于这类特殊辅助继电器，如果用户在程序中驱动其线圈，则由 PLC 执行特定的动作。例如：

M8033：当 PLC 由 RUN 切换到 STOP 时，将映像寄存器和数据存储器中的内容保存下来。

M8034：将 PLC 的外部输出触点全部置于 OFF 状态。

M8039：当 M8039 接通，PLC 以定时扫描方式运行，扫描时间由 M8039 决定。

（3）定时器。

PLC 中的定时器（T）相当于继电器-接触器控制系统中的通电延时时间继电器，由设定值寄存器、当前值寄存器、动合和动断触点及线圈四部分组成。设定值寄存器用来存放程序中设定的时间预设值，当前值寄存器存放计时的经过值。

定时器的定时时间＝定时单位×预设值

定时单位是一定周期的时间脉冲，定时器的时间脉冲包括 1 ms、10 ms 及 100 ms 3 种类型。1 s＝1 000 ms。

定时器的分类见表 1-6。

表 1-6　定时器的分类

	100 ms 通用型	10 ms 通用型	1 ms 累计型	100 ms 累计型
编号	T0～T199 共 200 点	T200～T245 共 46 个点	T246～T249 共 4 个点	T250～T255 共 6 个点
	T192～T199 为子程序和中断服务程序专用		用于执行中断的保持	
定时时间	0.1～3 276.7 s	0.01～327.67 s	0.001～32.767 s	0.1～3 276.7 s

（4）状态寄存器（S）。

状态寄存器 S 是三菱 FX 系列 PLC 所特有的，状态寄存器与步进指令配合使用，用于步进顺序控制。状态寄存器共有 1 000 个：S0-S499（500 点）为通用型（非掉电保持区域），其中 S0-S9（10 点）用于初始状态，S10-S19（10 点）用于回零；S500-S899（400 点）为保持型（掉电保持区域）；S900-S999（100 点）为信号报警器。通用型和保持型可以通过参数设置改变其非掉电或掉电保持特性，而信号报警器的掉电保持特性不可改变。

状态寄存器应由步进指令 STL 驱动（初始状态寄存器除外）。状态寄存器也可以作为一般的辅助继电器使用。

（5）数据寄存器（D）。

三菱 FX₂N 系列 PLC 数据寄存器分为以下几类，见表 1-7。

表 1-7　FX₂N 系列 PLC 数据寄存器分类及编号

	非断电保持型	断电保持型	特殊数据寄存器
编号	D0～D199（200 点）	D200～D511（312 点）	D8000～D8255（256 点）

（6）计数器。

三菱 FX 系列 PLC 计数器可以分为普通计数器和外部计数器两类，在此只介绍普通计数器。计数器的作用是对内部器件（如 X、Y、M、S、T 和 C）的触点动作信号进行循环扫描计数。触点接触时间和断开时间应比 PLC 扫描周期长，通常要求在 10 Hz 以下。计数器由设定值寄存器、当前值寄存器、动合及动断触点和线圈四部分组成。具体分类见表 1-8。

表 1-8　计数器的分类

计数器类型	非断电保持型	断电保持型
16 位递加计数器	C0～C99（100 点）	C100～C199（100 点）
32 位双向计数器	C200～C219（20 点）	C220～C234（15 点）

（7）指针。

指针的分类见表 1-9。

表 1-9　指针的分类

分支指针	输入中断指针	定时器中断指针	高速计数器中断指针
P0～P127 128 点 P63 是向"END"跳转的特殊指针	I00（X0） I10（X1） I20（X2） I30（X3） I40（X4） I50（X5） 6 点 最后一位： 0 表示下降沿中断 1 表示上升沿中断	I6 □□ I7 □□ I8 □□ 3 点 最后两位： 10～99 ms（执行中断程序的时间间隔）	I010 I020 I030 I040 I050 I060 6 点

（8）常数。

16 位常数范围：－32 768～＋32 767。32 位常数范围：－2 147 483 648～＋2 147 483 648。十进制常数前加"K"标记，十六进制常数前加"H"标记。当 PLC 进行数据处理时，常数（K/H）自动转化为二进制。常见数制见表 1-10。

表 1-10　数制

二进制	十进制	八进制	十六进制
0、1，基数为 2，逢 2 进位	0～7，基数为 8，逢 8 进位	0～9，基数为 10，逢 10 进位	0～9 及 A、B、C、D、E、F，基数为 16，逢 16 进位

6. 分析 PLC 的工作原理

PLC 采用循环扫描工作方式，即程序是按照自上而下、从左至右的顺序执行，信号从输入到输出，要经过输入处理、程序处理、输出处理 3 个阶段，如图 1-10 所示。

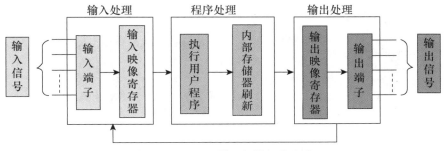

图 1-10　PLC 循环扫描工作方式

（1）输入处理。

PLC 以扫描方式依次将所有端子的 ON/OFF 状态存入输入映像寄存器，采用集中输入方式。进入程序执行及输出刷新阶段后，即使输入信号状态发生改变，输入映像寄存器中的状态也不会改变。

（2）程序处理。

PLC 按先上后下、先左后右的顺序扫描用户程序，从输入映像寄存器及内部存储器中读出状态和数据进行逻辑运算，然后根据运算结果刷新内部存储器和输出映像寄存器。在程序执行过程中，只有输入映像区内的状态不会发生变化，而内部存储器和输出映像寄存器中的状态和数据都有可能发生变化。

（3）输出处理。

PLC 将输出映像寄存器中的状态转存到输出锁存器中，通过输出端子驱动外部负载，采用集中输出方式。在输入采样和程序执行阶段，输出锁存器中的状态不会发生变化。

PLC 以 RUN 工作模式运行一次所需要的时间称为扫描周期，扫描周期与 I/O 点数、连接外围设备的数量、用户程序的长短等有关，小型 PLC 的扫描周期一般为毫秒级。

四、项目评价

PLC 结构及型号的选择项目评价，见表 1-11。

表 1-11　PLC 结构及型号的选择项目评价表

考核项目	考核内容	配分	评分标准	扣分	得分	备注
学习知识	知识平台的自学情况	20	1. 能简述 PLC 的应用特点，5分； 2. 能根据 PLC 型号说出该 PLC 的 I/O 数等基本情况，5分； 3. 能分析三菱 FX$_{2N}$ 系列 PLC 面板结构组成，5分； 4. 能简述 PLC 的工作方式和原理，5分			
软元件	1. 了解软元件的分类及功能； 2. 能正确使用软元件	20	1. 软元件功能错误扣5分； 2. 指令使用错误扣5分			
编程语言	1. 创建新工程； 2. 按示例正确输入梯形图； 3. 按示例正确输入顺序功能图	20	1. 输入示例梯形图错误，每处扣2分； 2. 输入示例顺序功能图错误，每处扣2分			
团队协作	小组协作	15	1. 团队成员不能很好协作，有人没参与，每人扣1分； 2. 团队出现矛盾冲突，每次扣2分，最多扣5分			

续表

考核项目	考核内容	配分	评分标准	扣分	得分	备注
安全生产	自觉遵守安全文明生产规程	10	违反安全操作扣 10 分			
5S 标准	项目实施过程体现 5S 标准	15	1. 整理不到位扣 3 分； 2. 整顿不整齐扣 3 分； 3. 清洁不干净扣 3 分； 4. 清扫不完全扣 3 分； 5. 素养不达标扣 3 分			
时间	2 小时		1. 提前正确完成，每提前 5 分钟加 2 分； 2. 不能超时			
开始时间：		结束时间：		实际时间：		

五、项目拓展

知识测评

(1) 第一台 PLC 产生的时间是（　　）年。

A. 1967　　　　　B. 1968　　　　　C. 1969　　　　　D. 1970

(2) PLC 控制系统能取代继电器-接触器控制系统的（　　）部分。

A. 所有　　　　　　　　　　B. 主回路

C. 接触器　　　　　　　　　D. 控制回路

(3) PLC 中的程序指令是按"步"存放的，如果程序为 8 000 步，则需要存储单位为（　　）KB。

A. 8　　　　　　　B. 16　　　　　　C. 4　　　　　　D. 2

(4) 一般情况下，对 PLC 进行分类时，I/O 点数为（　　）点时，可以将其看作大型 PLC。

A. 125　　　　　　B. 256　　　　　C. 512　　　　　D. 1 024

(5) 对以下 4 个控制选项进行比较，用 PLC 控制会更经济更有优势的是（　　）。

A. 4 台电机　　　　　　　　B. 6 台电机

C. 10 台电机　　　　　　　　D. 10 台以上电机

(6) FX_{2N} 系列 PLC 的 X/Y 编号是采用（　　）进制。

A. 二　　　　　　　B. 八　　　　　　C. 十　　　　　　D. 十六

视野拓展　PLC 的发展趋势与市场概况

一、PLC 的发展趋势和展望

PLC 从诞生至今，其发展大体经历了 3 个阶段：从 20 世纪 70 年代至 80 年代中期，以单机为主发展硬件技术，为取代传统的继电器-接触器控制系统而出现了各种 PLC 的基本型号；到 20 世纪 80 年代末期，为适应柔性制造系统（FMS）的发展，在提高单机功能的同时，加强了软件的开发，提高了通信能力；20 世纪 90 年代以来，为适应计算机集成制造系统（CIMS）的发展，采用多 CPU 的 PC 系统，不断提高运算速度和数据处理能力。随着计算机网络技术的迅速发展，强大的网络通信功能使 PLC 如虎添翼，随着各种高功能模块和应用软件的开发，加速了 PLC 向电气控制、仪表控制、计算机控制一体化和网络化的方向发展。今后，PLC 将主要朝着以下几方面发展：

1. 大型化、网络化、多功能

今后的 PLC 将具有 DCS（计算机集散控制）系统的功能，网络化和强化通信能力将是 PLC 的重要发展趋势。将不断开发出功能更强的 PLC 网络系统，这种多级网络系统的最上层为组织管理级，由高性能的计算机组成；中层是协调级，由 PLC 或计算机组成；最底层是现场执行级，可由多个 PLC 或远程 I/O 工作站所组成。它们之间采用工业以太网、MAP 网和工业现场总线相连构成一个多级分布式 PLC。这种多级分布式 PLC 控制系统除了控制功能之外，还可以实现在线优化、生产过程的实时调度、产品计划、统计管理等功能，是检测、控制与管理一体化的多功能综合系统。

2. 小型化、高性能、低成本、简易实用

小型化是与大型化并行的一个 PLC 发展方向。今后的 PLC 将会体积更小、速度更快、功能更强、价格更低，各种小型、超小型和微型的 PLC 将有更灵活的组合特性，能与其他机型或各种功能模块联合使用。能够适应各种特殊功能需要的智能模块也将不断出现。

3. 更高的可靠性

一些特定的环境和条件将要求自动控制系统有更高的可靠性，因而自诊断技术、冗余技术、容错技术在 PLC 中将得到广泛应用。

4. 与智能控制系统更进一步地相互渗透和结合

PLC 将会采用速度更快、功能更强的 CPU 和容量更大的存储器，使之能更充分地利用计算机的软件资源。PLC 与工业控制计算机、集散控制系统、嵌入式计算机等系统的相互渗透与结合，将进一步拓宽 PLC 的应用领域和空间。

5. 编程语言高级化

除现有的编程语言外，还可以用计算机高级语言编程，进一步改善软件的开发环境，提高开发效率。国际电工委员会在 1999 年制定了适合于 PLC 编程的工业自动化标准编程语言 IEC61131-3。与传统的编程语言相比较，IEC61131-3 的突出优点是：具有更好的开放性、兼容性和可移植性，其应用系统能最大限度地运行来自不同厂家的 PLC。今后如果各厂家生产的 PLC 都配置了 IEC61131-3 编程软件，工程技术人员就能同时对多家厂商生产的 PLC 进行编程。

6. 实现软、硬件的标准化，使之有更好的兼容性

长期以来，PLC 走的是专门化的道路，在取得重大成功的同时也为其带来了诸多不便，例如各厂商生产的 PLC 都已具有通信联网的能力，但是各厂商的 PLC 之间至今还无法联网通信。因此今后在保证产品质量的同时，各 PLC 生产厂家将进一步提高国际标准化的程度和水平，使各厂商的产品能够相互兼容。为推进这一进程，一些国际性的组织（如 IEC）正在为 PLC 的发展制定新的国际标准。

二、PLC 的市场概况

据不完全统计，目前世界上共有两百多家厂商在生产着约四百多个品种的 PLC 产

品。其中在美国注册的厂商超过一百家，有两百多个生产品种；日本约有六七十家厂商，也有两百多个生产品种；在欧洲注册的有几十家厂商，有几十个生产品种。所以，美国、日本和欧洲形成了 PLC 产品的三大流派：美国作为首先研制和生产 PLC 的国家，其产品在世界市场上一直占有较大的份额。如上所述，日本的 PLC 技术是从美国引进的，而欧洲走的是独立研制 PLC 的道路，由于技术形成的过程不同，欧洲的 PLC 产品往往与美、日的产品有较明显的差异。如果从产品类型来区分，欧美的产品以大中型机为主，其中以美国 AB（ALLEN-BRADLEY）公司和德国西门子（SIEMENS）公司的产品为代表；日本的产品则以小型机为主，在世界小型机市场上占有约 70% 的份额，其中又以三菱（MITSUBISHI）公司和欧姆龙（OMRON，又称立石）公司、松下电工（NAIS）公司的产品为主。

1. 美国的 PLC 产品

美国生产 PLC 的主要厂商是 AB 公司和 GE（通用电气）公司。

AB 公司是世界上最大的 PLC 制造商之一，其产品门类齐全，特殊功能模块和智能模块种类丰富。在我国市场上，AB 公司的产品以大、中型机为主。AB 公司主推的大、中型机是 PLC-5 系列，为模块式结构，当配置处理器模块 PLC-5/10、PLC-5/12、PLC-5/15、PLC-5/25H 时，属中型机，I/O 点数最大为 1 024 点；当配置处理器模块 PLC-5/11、PLC-5/20、PLC-5/30、PLC-5/40、PLC-5/40L、PLC-5/60、PLC-5/60L 时，属大型机，I/O 点数最大为 3 072 点。该系列中的 PLC-5/250 型功能最强，I/O 点数最大达 4 096 点，且具有较强的控制和信息管理功能。此外，AB 公司的产品还有大型机 PLC-3 系列（I/O 点数最大为 8 096 点），以及小型机 SLC500 系列，微型机 MICRO 系列。

GE 公司是世界上生产 PLC 最早的厂家之一。GE 系列的 PLC 产品，小型机有 GE-1、GE-1/J、GE-1/P 型，其中 GE-1 型适合于小型开关量控制，I/O 点数最大可达 112 点；GE-1/J 型为 GE-1 的简易化产品，为整体式结构，性能与 GE-1 型基本相同，I/O 点数最大为 50（31/19）点；GE-1/P 型为 GE-1 型的增强型产品，在 GE-1 的指令基础上增加了数据操作指令，I/O 点数最大为 168 点。中型机为 GE-Ⅲ型，在 GE-1/P 的基础上增加了中断处理和故障诊断等功能，I/O 点数最大为 400 点。大型机为 CE-V 型，它又在 GE-Ⅲ的基础上增加了双精度运算、数码转换、表格处理、矩阵运算、位及子程序等功能，I/O 点数可达 2 048 点，内存容量达 32 KB，而且还具有较强的通信能力，可与上位机或其他 PLC 构成通信网络。

此外，美国的 PLC 生产厂商还有 T 公司、西屋公司和 CM 公司、莫迪康公司等。

2. 日本的 PLC 产品

日本的 PLC 产品以小型机著称，一些小型机具备欧美的中型机甚至大型机才具有的功能，因此很受用户欢迎。在我国 PLC 市场上的小型机，以日本的三菱、欧姆龙和松下 3 家公司为主，但近年欧姆龙和松下公司的产品已较少使用。日本的其他生产厂家还有日立、东芝、富士等公司。

3. 欧洲的 PLC 产品

德国的西门子公司生产的大、中型机与美国的 AB 公司齐名，在我国的市场上，大、中型机也以西门子公司的销量为最大。欧洲生产 PLC 的其他厂家还有德国的通用电气公司、法国的 TE 公司等。

4. 国产的 PLC 产品

我国在 20 世纪 70 年代末 80 年代初开始，已有不少科研单位和工厂在研制和生产 PLC，国产的 PLC 产品已逐渐普及（如深圳的汇川 H1U、H2U 系列）。

应当指出，近年来 PLC 产品更新换代的周期越来越短，经常是前几年还很畅销的机型，现在已不再生产，被新的机型所取代，读者应随时注意了解 PLC 产品市场的情况，掌握最新的产品类型及其技术资料。

视野扩展 FX-20P-E 手持编程器的使用

手持编程器曾经是 PLC 主要的编程工具，但现在已基本被计算机编程替代，这里简单介绍三菱的 FX-20P-E 手持编程器。

FX-20P-E 手持式编程器（简称 HPP 或手编器）可以用于 FX 系列 PLC，也可以通过转换器 FX-20P-E-FKIT 用于 F1、F2 系列 PLC。FX-20P-E 手持编程器由液晶显示屏、ROM 写入器接口、存储器卡盒接口及带功能键、指令键、元件符号键和数字键等的键盘组成，如图 1-11 所示。

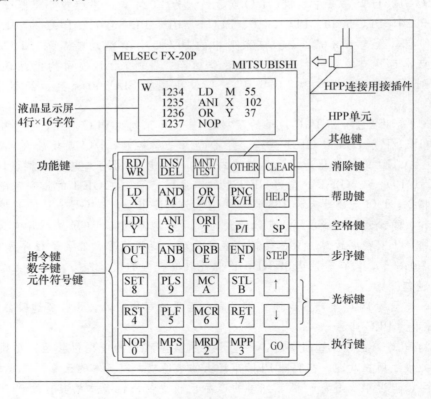

图 1-11 FX-20P-E 手持编程器面板布置图

一、液晶显示屏

FX-20P-E 手持编程器的液晶显示屏只能同时显示 4 行，每行 16 个字符，在编程操作时，显示屏上显示的内容如图 1-12 所示。

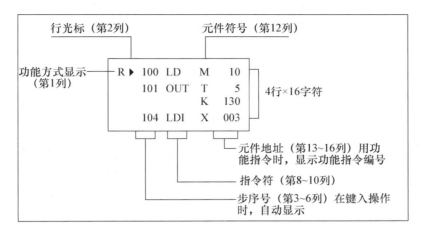

图 1-12 液晶显示屏

液晶显示屏左上角的黑三角提示符是功能方式说明，介绍如下：

R（Read）为读出；W（Write）为写入；I（Insert）为插入；D（Delete）为删除；M（Monitor）为监视；T（Test）为测试。

二、键盘

键盘由 35 个按键组成，包括功能键、指令键、元件符号键和数字键。

功能键：[RD/WR]，读出/写入；[INS/DEL]，插入/删除；[MNT/TEST]，监视/测试。各功能键交替起作用：按一次时选择第一个功能；再按一次，选择第二个功能。

其他键 [OTHER]，在任何状态下按此键，显示方式菜单。安装 ROM 写入模块时，在脱机方式菜单上进行项目选择。

清除键 [CLEAR]，如在按执行键 [GO] 之前（确认前）按此键，则清除键入的数据。此键也可以用于清除显示屏上的出错信息或恢复原有的画面。

帮助键 [HELP]，显示应用指令一览表。在监视时，进行十进制数和十六进制数的转换。

空格键 [SP]，在输入时，用此键指定元件号和常数。

步序键 [STEP]，用此键设定步序号。

光标键 [↑]、[↓]，用此键移动光标或提示符，指定当前元件的前一个或后一个元件，进行行滚动。

执行键 [GO]，此键用于指令的确认、执行，显示后面的画面（滚动）和再搜索。

指令键、元件符号键和数字键。这些键都是复用键，每个键的上部为指令，下部为元件符号或数字。上、下部的功能是根据当前所执行的操作自动进行切换，其中下部的元件符号 [Z/V]、[K/H] 和 [P/I] 交替起作用。

手持编程器键的名称、功能与位置见表 1-12。

表 1-12　手持编程器键的名称、功能与位置

种类	键名	符号	功能	位置
功能键	读出/写入键	RD/WR	读出/写入功能切换,并在显示屏左上角显示功能符号	第 1 列第 1 行
	插入/删除键	INS/DEL	插入与删除功能切换,并在显示屏左上角显示功能符号	第 2 列第 1 行
	监视/测试键	MNT/TEST	监视与测试功能切换,并在显示屏左上角显示功能符号	第 3 列第 1 行
指令键(数字键、元件符号键)	取键	LD X	键入"取"指令符 LD 或元件符号 X	第 1 列第 2 行
	取反键	LDI Y	键入"取反"指令符 LDI 或元件符号 Y	第 1 列第 3 行
	输出键	OUT C	键入输出指令符 OUT 或元件符号 C	第 1 列第 4 行
	置位键	SET 8	键入置位指令符 SET 或数字 8	第 1 列第 5 行
	复位键	RST 4	键入复位指令符 RST 或数字 4	第 1 列第 6 行
	空操作键	NOP 0	预留或填充空位或键入数字 0	第 1 列第 7 行
	与键	AND M	键入动合触点串联指令符 AND 或元件符号 M	第 2 列第 2 行
	与非键	ANI S	键入动断触点串联指令符 ANI 或元件符号 S	第 2 列第 3 行
	块与键	ANB D	键入电路块串联指令符 ANB 或元件符号 D	第 2 列第 4 行
	上升沿脉冲键	PLS 9	键入上升沿脉冲输出指令符 PLS 或数字 9	第 2 列第 5 行
	下降沿脉冲键	PLF 5	键入下降沿脉冲输出指令符 PLF 或数字 5	第 2 列第 6 行
	进栈键	MPS 1	键入进栈指令符 MPS 或数字 1	第 2 列第 7 行
	或键	OR Z/V	键入动合触点并联指令符 OR 或元件符号 Z 和 V(自动切换)	第 3 列第 2 行
	或非键	ORI T	键入动断触点并联指令符 ORI 或元件符号 T	第 3 列第 3 行
	块或键	ORB E	键入电路块并联指令符 ORB 或元件符号 E	第 3 列第 4 行
	主控键	MC A	键入主控指令符 MC 或元件符号 A	第 3 列第 5 行
	主控复位键	MCR 6	键入主控复位指令符 MCR 或数字 6	第 3 列第 6 行

续表

种类	键名	符号	功能	位置
指令键（数字键、元件符号键）	读栈键	MRD 2	键入读栈指令符 MRD 或数字 2	第 3 列第 7 行
	功能号/数制转化键	FNC K/H	查找功能指令符与编号或进行数制转换	第 4 列第 2 行
	指针键	$\overline{P/I}$	元件符号 P 和 I 按键时交替切换	第 4 列第 3 行
	结束键	END F	键入结束指令符 END 或元件符号 F	第 4 列第 4 行
	步进键	STL B	键入步进开始指令符 STL 或元件符号 B	第 4 列第 5 行
	返回键	RET 7	键入步进控制结束指令符 RET 或数字 7	第 4 列第 6 行
	出栈键	MPP 3	键入出栈指令符 MPP 或数字 3	第 4 列第 7 行
	其他键	OTHER	在任何情况下操作该键，显示方式菜单，进行项目选择	第 4 列第 1 行
	消除键	CLEAR	清除当前未确定的输入内容或者显示屏上显示的错误信息，并返回原来状态	第 5 列第 1 行
	帮助键	HELP	显示功能指令的功能号和助记符，在 MNT 状态下，可进行十进制数和十六进制数的相互转换	第 5 列第 2 行
	空格键	·SP	操作时常用来指定作用器件的设置	第 5 列第 3 行
	步序键	STEP	设定指令地址（即步序号）	第 5 列第 4 行
	上移光标键	↑	向上移动行光标，使行滚动并改变当前行	第 5 列第 5 行
	下移光标键	↓	向下移动行光标，使行滚动并改变当前行	第 5 列第 6 行
	执行键	GO	也称确认键，确认所输入的指令或操作方式与功能	第 5 列第 7 行

三、使用

在断开电源的情况下，将连接电缆两端的插头分别插入 PLC 上的插口和手编器上方的插口。将其面板上的转换开关"RUN/STOP"拨到"STOP"位置，接通电源，根据当前需执行的操作要求，选择手编器操作方式，然后按照一定的操作步骤完成编程操作。

项目 2　PLC 控制系统的软件安装与使用

一、学习目标

1. 能根据安装指南安装 GX Developer 软件；
2. 能使用 GX Developer 软件创建新文件并保存；
3. 能使用 GX Developer 软件编辑简单梯形图并调试。

二、项目任务

GX Developer 是三菱 PLC 的编程软件，支持梯形图、指令表、SFC、ST 及 FB、Label 等语言程序设计，是专用于 PLC 设计、调试、维护的编程工具。

本项目我们来学习 GX Developer 软件的安装方法和基本操作。

三、项目实施

1. GX Developer 软件的安装

（1）打开安装软件，查看安装说明。首先找到安装软件所在的文件夹。双击打开安装软件，在开始安装之前，先仔细阅读安装说明，如图 2-1 所示。

图 2-1　GX Developer 软件安装说明

（2）第一步，退出杀毒软件。根据安装说明的指引，退出 360 等杀毒软件，确保软件安装顺利进行，如图 2-2 所示。

（3）第二步，打开 GX Developer 文件中的 EnvMEL 文件夹，双击启动 SETUP. EXE，按照安装指引，单击"下一步"，完成安装，看到如图 2-3 所示的界面。

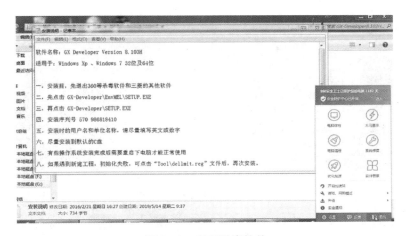

图 2-2　退出杀毒软件

图 2-3　GX Developer \ EnvMEL \ SETUP. EXE 安装完成

　　（4）第三步，找到 GX Developer 文件中的 SETUP. EXE，双击启动。按照安装指引，输入序列号；勾选"结构化文本语言编程功能"，如图 2-4 所示；在"选择部件"对话框中，将两项全部勾选，如图 2-5 所示。然后按照指引操作，等待安装完成，安装成功后，可以看到如图 2-6 所示的界面。

图 2-4　勾选"结构化文本语言编程功能"

图 2-5　将两项全部勾选

图 2-6　安装完成提示

（5）安装成功后，可以通过"开始"菜单并打开该软件，如图 2-7 所示。

图 2-7　通过"开始"菜单打开 GX Developer 软件

安装完成之后，启动软件，如新建工程遇到初始化失败，可单击"Tool\dellmit. reg"
文件后，重新安装。

2. GX Developer 软件的基本界面及操作

（1）基本界面。

GX Developer 编程软件的基本界面如图 2-8 所示。

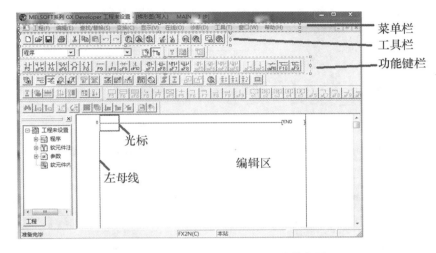

图 2-8   GX Developer 编程软件的基本界面

（2）基本操作。

1）启动软件。双击电脑桌面上的图标打开编程软件，出现如图 2-9 所示界面。

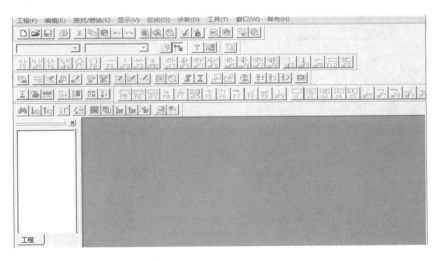

图 2-9   GX Developer 编程界面

2）新建工程。单击菜单"工程"→"创建新工程"命令，或者单击按钮 ，在出现
的"创建新工程"对话框中选择 PLC 系列、类型，如图 2-10 所示，单击"确定"，出现
如图 2-11 所示的程序编辑界面。可以开始编辑程序了。

图 2 - 10 "创建新工程"对话框

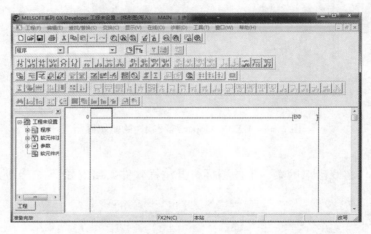

图 2 - 11 程序编辑界面

3）编辑梯形图。单击"写模式"按钮，进入写模式状态，并选择梯形图编程，然后单击编辑区，输入梯形图程序，如图 2 - 12 所示。

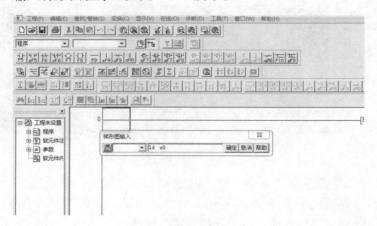

图 2 - 12 编辑梯形图

梯形图程序的输入有两种方法。一是鼠标选择工具栏中的图形符号，再用键盘输入软元件和编号；二是直接用键盘操作，输入完整的指令。此时编辑区为灰色，如图 2-13 所示。

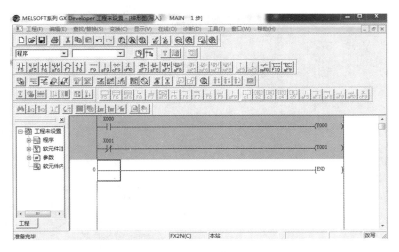

图 2-13 转换前的编辑区

4）转换梯形图。梯形图输入完毕后，必须使用"程序变换/编译"按钮 对梯形图程序进行转换。如果转换成功，则编辑区不再是灰色，如图 2-14 所示。

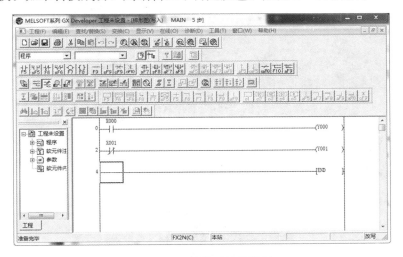

图 2-14 转换后的编辑区

5）保存工程。程序编辑完成并转换后，单击"保存"按钮 ，或者单击菜单"工程"→"保存工程"命令，打开"另存工程为"对话框，选择保存位置，输入工程名，单击"保存"即可，如图 2-15 所示。

6）写入工程。单击菜单"在线"→"传输设置"命令，设置使用的串口和传输速率。设置完毕后，单击菜单"在线"→"写入 PLC"命令，或者单击按钮 ，进入"PLC 写入"界面，选中主程序，再选择程序范围，单击"执行"，即可向 PLC 中写入程序，如图 2-16 所示。

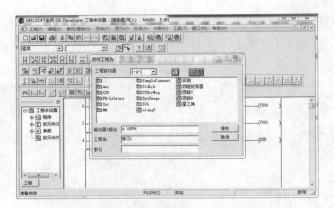

图 2 - 15　保存工程

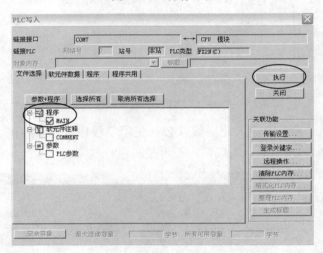

图 2 - 16　程序写入

四、项目资源

1. GX Developer 软件的安装

GX Developer 软件的安装

2. GX Developer 软件的使用

GX Developer 软件的使用

五、项目评价

GX Developer 软件的安装及使用项目评价，见表 2-1。

表 2-1 GX Developer 软件的安装及使用项目评价表

考核项目	考核内容	配分	评分标准	扣分	得分	备注
软件的安装	能按正确的步骤安装软件	30	1. 安装前仔细阅读安装说明，5分； 2. 按要求退出杀毒软件，5分； 3. 按步骤安装软件，20分			
软件的使用	1. 认识软件基本界面； 2. 正确操作软件	40	1. 能说出软件基本界面的组成，10分； 2. 正确创建新工程，5分； 3. 正确输入梯形图，10分； 4. 正确保存工程文件，5分； 5. 正确写入程序并调试，10分			
团队协作	小组协作	5	1. 团队成员不能很好协作，有人没参与，每人扣1分； 2. 团队出现矛盾冲突，每次扣2分，最多扣5分			
安全生产	自觉遵守安全文明生产规程	10	违反安全操作扣10分			
5S标准	项目实施过程体现5S标准	15	1. 整理不到位扣3分； 2. 整顿不整齐扣3分； 3. 清洁不干净扣3分； 4. 清扫不完全扣3分； 5. 素养不达标扣3分			
时间	2小时		1. 提前正确完成，每提前5分钟加2分； 2. 不能超时			
开始时间：			结束时间：		实际时间：	

六、项目拓展

软件使用练习

打开软件；

新建工程；

输入以下梯形图：

```
    X000   X001   X002
 0 ─┤ ├──┤/├───┤/├──────────────────────────────────(Y000   )
    ┌┤ ├┐
    │Y000│
```

保存，工程名为：练习1。

视野拓展　GX Developer 快捷键操作

一、通用

（操作）内容	快捷键（操作）
创建新工程文件	Ctrl＋N
打开工程文件	Ctrl＋O
保存工程文件	Ctrl＋S
打印	Ctrl＋P
撤销梯形图剪切/粘贴	Ctrl＋Z
删除选择内容并存入剪切板	Ctrl＋X
复制	Ctrl＋C
粘贴	Ctrl＋V
显示/隐藏工程文件数据	Alt＋0
软元件检测	Alt＋1
跳转	Alt＋2
局部运行	Alt＋3
单步运行	Alt＋4
远程操作	Alt＋6
工程数据列表	Alt＋7
网络参数设置	Alt＋8
关闭有效窗口	Ctrl＋F4
转移到下面的窗口	Ctrl＋F6
结束应用程序	Alt＋F4

二、梯形图/指令表

（操作）内容	快捷键（操作）
插入行	Shift＋Ins
删除行	Shift＋Del
写模式	F2
读模式	Shift＋F2
显示/隐藏说明	Ctrl＋F7
显示/隐藏注释	Ctrl＋F5
显示/隐藏机型	Alt＋Ctrl＋F6
开始监控	Ctrl＋F3
停止监控	Alt＋Ctrl＋F3

梯形图和指令表之间转换	Alt＋F1
查找触点或继电器线圈	Alt＋Ctrl＋F7
插入列	Ctrl＋Ins
删除列	Ctrl＋Del
转换当前（编辑）程序	F4
转换当前所有（编辑）程序	Alt＋Ctrl＋F4
写入（运行状态）	Shift＋F4
转换为监控器模式/开始监控	F3
转换为监控器模式/开始监控（写模式）	Shift＋F3
输入梯形图时移动光标	Ctrl＋Cursor key
停止监控	Alt＋F3

三、SFC（通用）

（操作）内容	快捷键（操作）
SFC 和梯形图转换	Ctrl＋J
插入行	Shift＋Ins
删除行	Shift＋Del
插入列	Ctrl＋Ins
删除列	Ctrl＋Del
转换到写模式	F2
转换到读模式	Shift＋F2
转换为监控器模式/开始监控	F3
转换为监控器模式/开始监控（写模式）	Shift＋F3
停止监控	Alt＋F3
开始监控所有窗口	Ctrl＋F3
停止监控所有窗口	Alt＋Ctrl＋F3
转换当前编辑模块	F4
显示/隐藏机型名	Alt＋Ctrl＋F6
转换当前所有编辑程序	Alt＋Ctrl＋F4
显示/隐藏注释	Ctrl＋F5
移动 SFC 光标	Ctrl＋Cursor key
查找触点或线圈	Alt＋Ctrl＋F7
程序表示（MELSAP-L）	Alt＋Ctrl＋F8

四、SFC（符号）

（操作）内容	快捷键（操作）
单步	F5
块开始步（有 END 检查）	F6
块开始步（没有 END 检查）	Shift＋F6
跳转	F8
END 步	F7

Dummy 步	Shift＋F5
传输	F5
选择分支	F6
同时分支	F7
选择集中	F8
同时集中	F9
垂直线	Shift＋F9
变换属性为通常	Ctrl＋1
改变属性以储存线圈	Ctrl＋2
改变属性以储存操作（没有传输检查）	Ctrl＋3
改变属性以储存操作（有传输检查）	Ctrl＋4
改变属性以重新复位	Ctrl＋5
垂直线（编辑线）	Alt＋F5
选择分支（编辑线）	Alt＋F7
同时分支（编辑线）	Alt＋F8
选择集中（编辑线）	Alt＋F9
同时集中（编辑线）	Alt＋F10
删除行	Ctrl＋F9

五、SFC（调试跟踪）

（操作）内容	快捷键（操作）
块暂停	F5
步暂停	F6
块运行	F8
步运行	F7
单步运行	F9
运行所有块	F10
强制块停止	Shift＋F8
强制步停止	Shift＋F7
强制复位停止	Shift＋F9

视野拓展　三菱编程软件 GX Works2

编程软件 GX Developer 于 2005 年发布，适用于三菱 Q、FX 系列 PLC，支持梯形图、指令表、SFC、ST、FB 等编程语言，具有参数设定、在线编程、监控、打印等功能。仿真软件 GX Simulator 可将编写好的程序在电脑上虚拟运行，方便程序的查错修改，缩短程序调试的时间，提高编程效率。先安装 GX Developer，再安装 GX Simulator。安装好后，GX Simulator 作为一个插件，被集成到 GX Developer 中。

2011 年之后推出的编程软件 GX Works2 有简单工程和结构工程两种编程方式，支持梯形图、指令表、SFC、ST、结构化梯形图等编程语言，集成了程序仿真软件 GX Simulator2，具备程序编辑、参数设定、网络设定、监控、仿真调试、在线更改、智能功能模块设置等功能，适用于三菱 Q、FX 系列 PLC，可实现 PLC 与 HMI、运动控制器的数据共享。

下面从 5 个方面来介绍 GX Works2。

一、软件的使用方法

GX Works2 软件有简单工程和结构工程两种编程方式，简单工程使用触点、线圈和功能指令编程，支持 FX 系列 PLC 使用梯形图和 SFC 两种编程方式，支持使用标签（限于梯形图），支持 Q 系列梯形图、SFC 和 ST（勾选标签）3 种编程方式。结构工程将控制细分化，将程序的通用执行部分部件化，使得程序易于阅读、引用。支持 FX 系列 PLC 使用结构化梯形图/FBD 和 ST（勾选标签）编程，支持 Q 系列 PLC 使用梯形图、ST、结构化梯形图/FBD 和 SFTC 等编程方式。ST（结构化文本）语言与 C 语言非常类似，可以使用条件语句选择分支，使用循环语句重复执行指令等。ST 语言程序是由语句、运算符、函数/指令（功能、功能块）、软元件、标签等构成的。语句的最后必须加";"。在程序中可加注释。如：

Y10：＝（LDP（TRUE，X0）OR Y10）AND NOT（TS0）；

OUT_T（Y10，TC0，10）；

MOVP（X1，10，VAR1）（VAR1 是定义的标签）

结构化梯形图（FBD）是基于梯形图设计技术创建的图形语言，与梯形图非常类似，采用功能框图（FBD）实现运算、信息处理、控制等功能。

二、简单工程——梯形图程序的编写

（1）启动 GX Works2，如图 2-17 所示。

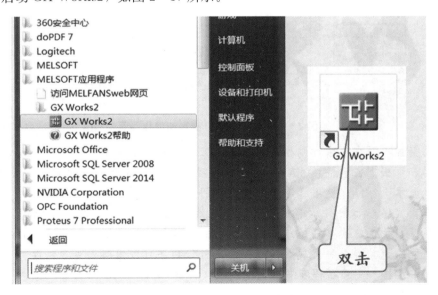

图 2-17　GX Works2 的启动

(2) 创建新工程，选择系列、机型、工程类型及程序语言，如图2-18所示。

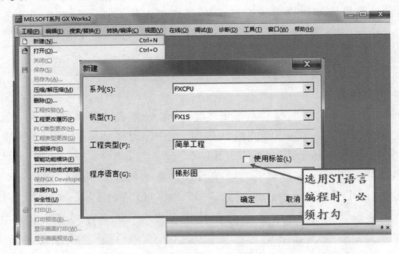

图 2-18 GX Works2 工程的创建

(3) 编写梯形图程序，如图2-19所示。

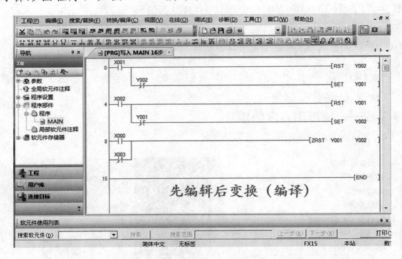

图 2-19 GX Works2 梯形图编程界面

梯形图编程界面主要由标题栏、菜单栏、工具栏、折叠窗口、程序编辑窗口、状态栏等组成。用户可根据自己的使用习惯，改变栏目、窗口的数量、排列方式、颜色、字体、显示方式、显示比例等；使用梯形图工具栏中的触点、线圈、功能指令及画线工具，在程序编辑区编辑程序。如果不知道某个功能指令的正确用法，可以按F1键调用帮助信息。编辑好程序后，执行变换（编译）操作。变换的过程就是检查编辑的程序是否符合规范要求。梯形图程序尤其要避免出现双线圈错误，SFC程序可以忽略双线圈错误。

三、简单工程——SFC程序的编写

(1) 启动 GX Works2。

(2) 创建新工程，选择系列、机型、工程类型及程序语言，如图2-20所示。

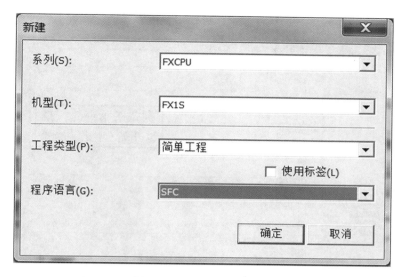

图 2-20　SFC 程序的新建

（3）编写初始化激活程序。

（4）编写 SFC 程序。

（5）编写停止返回程序。

SFC 程序实例如图 2-21 所示。

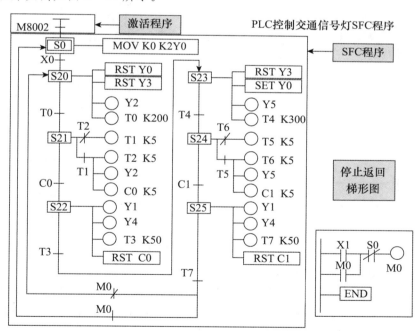

图 2-21　SFC 程序实例

四、程序仿真调试

方法 1：调用调试菜单下的"模拟开始/停止"命令，如图 2-22 所示。

方法 2：单击工具栏中的"模拟开始/停止"按钮。

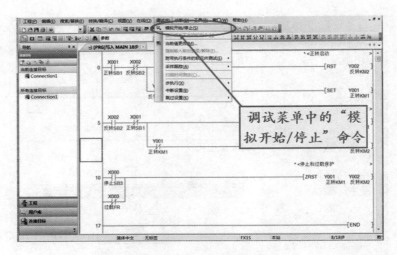

图 2-22　SFC 程序调试

模拟运行开始后，调用"当前值更改"对话框，如图 2-23 所示。输入要改变的软元件，更改软元件的存储值，观察程序运行效果。其可更改位元件、字元件的存储值，能实现开关量、模拟量（缓冲存储器）的仿真。仿真结束后，需要把编辑状态从读取模式改为写入模式，才能修改程序。

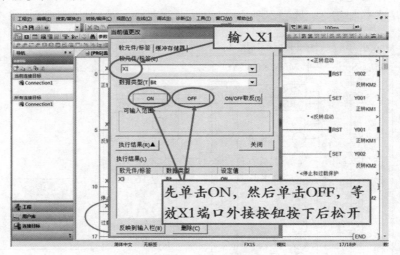

图 2-23　SFC 程序执行

五、GX Works2 与 PLC 的通信

使用专用数据线，把电脑与 PLC 连接起来，实现程序的读写、监控等操作。使用数据线前先安装驱动程序，连接后打开设备管理器，查看端口。旧版的驱动程序不支持 Win7 及以上的操作系统，可借助"驱动大师"安装。GX Works2 软件中设置通信参数，并进行通信测试。可调用"在线"菜单进行程序的读写操作。

1．USB-SC-09 通信数据线

该数据线将电脑的 USB 口模拟成串口（通常为 COM3 或 COM4），属于 RS-422 转 RS-232 的连接方式。每台电脑只能接一根数据线与 PLC 通信，通信时 PLC 要接通电源，如图 2 - 24 所示。

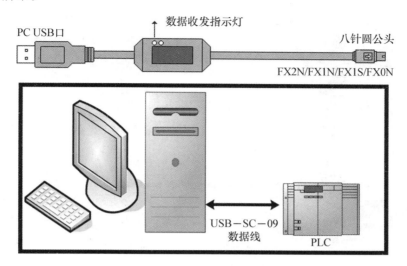

PC USB 口

数据收发指示灯

八针圆公头

FX2N/FX1N/FX1S/FX0N

USB - SC - 09
数据线

PLC

图 2 - 24　数据线连接

2. 通信连接

先安装驱动程序。安装完后，把数据线的 PC - USB 口接入电脑 USB 口，八针圆公头插入 PLC 的 RS - 422 通信端口。最后给 PLC 接通电源。进入设备管理器，查看端口，端口中显示：（COM 和 LPT）\ Prolific USB-to-Serial Comm Port（COMx），如图 2 - 25 所示，表明驱动程序安装成功，然后记住这个"COMx"。多数是 COM3 或 COM4。如果出现 COM1 或 COM2，会导致连接不正确，需要重新找另一个 USB 端口连接。

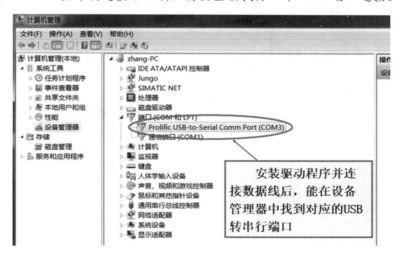

安装驱动程序并连接数据线后，能在设备管理器中找到对应的USB转串行端口

图 2 - 25　通信连接

3. PLC 的程序读写操作

在 GX Works2 中执行"连接目标"→"connection1"功能，如图 2 - 26 所示。进入传输设置，设置对应的 COM 口；进行通信测试，测试成功后，单击"确定"按钮；打开"在线"菜单，执行"PLC 存储器操作"→"PLC 存储器清除"命令（也可以不操作此步

骤）；打开"在线"菜单，执行"PLC写入"命令，如图2-27所示。

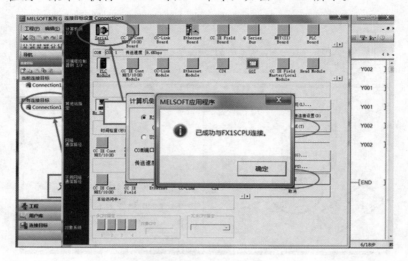

图2-26　连接成功界面

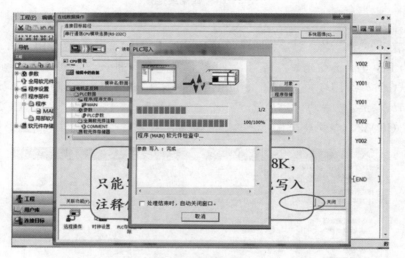

图2-27　传输界面

电机控制系统

项目 3　三相异步电动机单向点动运行 PLC 控制

一、学习目标

1. 会应用取指令、输出指令、结束指令编写梯形图；
2. 能理解并说出点动控制程序的工作原理；
3. 能根据项目的任务要求，完成点动控制的编程、调试与质量监控检测。

二、项目任务

三相异步电动机的点动控制是最简单的正转控制电路，也是电力拖动控制中的基础控制内容，常见的起重机、运输车等控制都包含点动控制。本项目的任务是安装与调试三相异步电动机单向点动控制电路。

1. 项目描述

某汽车企业门口设有一个迎宾的喷泉，其控制要求如下：按下起动按钮 SB1，电动机运转，喷泉喷水，松开起动按钮后，电动机停止运转，水泵停止工作。

喷泉点动控制时序图如图 3-1 所示。

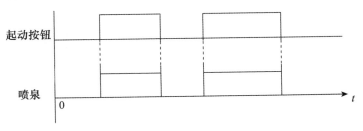

图 3-1　喷泉点动控制时序图

2. 点动-喷泉运行效果视频

点动-喷泉运行效果视频

3. 项目实施流程

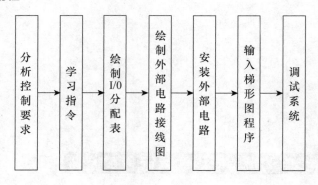

三、项目分析

点动控制电路如图 3-2 所示，起动时，合上空气断路器 QF，按下按钮 SB，交流接触器 KM 线圈得电，主触点闭合，三相电动机 M 得电运行；松开按钮 SB，KM 线圈失电，主触点断开，电动机失电停转。

本项目是使用 PLC 控制改造继电器-接触器控制电路，用 PLC 程序取代控制电路的硬接线，采用的编程方法就是转换法。

转换法是根据 I/O 分配表将对应的继电器-接触器控制电路中的电气图形符号用 PLC 中的软元件符号代替。

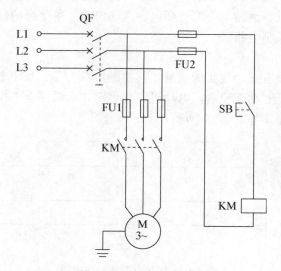

图 3-2　点动控制电路

四、项目设备

根据本项目的控制要求，选用学习所需工具、设备，见表 3-1。

表 3-1　实训器材表

序号	分类	名称	型号规格	数量	单位	备注
1	工具	万用表	MF47	1	只	
2	设备	电源模块	AC 220 V	1	个	
3			DC 24 V	1	个	
4		电脑	HP p6-1199cn	1	台	
5		PLC 模块	FX_{2N}-48MR	1	个	
6		电机控制实验单元模块	SX-801-1	1	个	
7		开关、按钮板	SX-801B	1	个	
8		连接导线	K2 测试线	若干	条	

五、知识平台

1. PLC 编程元件（软继电器）

PLC 内部有许多具有不同功能的编程元件，如输入继电器、输出继电器、定时器、计数器等，它们不是物理意义上的实物继电器，而是由电子电路和存储器组成的虚拟器件，所以称为软元件或软继电器。

（1）输入继电器 X。

输入继电器与输入端子相连，专门用来接收 PLC 外部开关信号。每个输入继电器对应一个输入映像寄存器，当外部输入信号接通时，对应的输入映像寄存器为 1 状态，断开时为 0 状态。

FX 系列 PLC 的输入继电器编号由 X 和八进制数共同组成，不同型号的 PLC 输入继电器数量可能不同，FX 系列 PLC 带扩展时最多可达 184 点输入继电器，编号为 X000～X007，X010～X017，…，X260～X267。输入继电器不能用程序驱动，必须由外部信号驱动，但是输入继电器的触点可以无限次使用。

（2）输出继电器 Y。

输出继电器与 PLC 的输出端子相连，专门用来将程序执行的结果信号传送给负载。继电器类型的 PLC 每个输出继电器在输出单元中都对应唯一一个动合硬触点，但在程序中供编程使用的输出继电器触点都是软触点，可以无限次使用。输出继电器的线圈由 PLC 内部程序驱动，其线圈状态控制输出单元对应的硬触点来驱动外部负载。

FX 系列 PLC 的输出继电器编号由 Y 和八进制数共同组成，不同型号的 PLC 输出继电器数量可能不同，FX 系列 PLC 带扩展时最多可达 184 点输出继电器，编号为 Y000～Y007，…，Y260～Y267。

2. PLC 常用编程语言

（1）梯形图。

梯形图是在继电器–接触器控制基础上简化了符号演变而来的，具有形象、直观的特点。梯形图中的平行竖线为左右母线，母线之间是由触点、线圈或功能指令组成的逻辑行，触点代表逻辑输入条件，线圈或功能指令代表逻辑输出结果，用来控制外部负载或内部中间结果。电路图和梯形图中的图形符号对比见表 3－2。

表 3－2　电路图和梯形图的图形符号对比

		电路图图形符号	梯形图图形符号
线圈		▭	－( )－
触点类型	动合触点		┤├
	动断触点		┤/├

（2）指令表。

指令表由语句按一定的顺序排列而成。一条指令由操作码和操作数组成，操作码用助记符表示，表明 CPU 要执行的操作，不可缺少；操作数由软元件和常数组成，大多数指令只有一个操作数，但有的指令没有操作数，也有的有两个或者更多操作数。

3. 基本指令

LD、LDI、OUT、END 指令格式及功能见表 3－3。

表 3－3　LD、LDI、OUT、END 指令格式及功能

名称	逻辑功能	可用软元件	程序步
取指令 LD	动合触点与左母线相连，开始逻辑运算	X、Y、M、T、C、S	1
取反指令 LDI	动断触点与左母线相连，开始逻辑运算	X、Y、M、T、C、S	1
输出指令 OUT	驱动线圈输出运算结果	Y、M、T、C、S	Y 和 M 为 1；S 和特殊 M 为 2；T 为 3；C 为 3～5
结束指令 END	程序结束，返回到第 0 步	无	1

如图 3－3 所示为点动控制梯形图程序举例，该程序的工作原理为：当 X000 接通时，线圈 Y000 接通，松开 X000 时，线圈 Y000 重新断开；当 X001 断开时，线圈 Y001 接通。

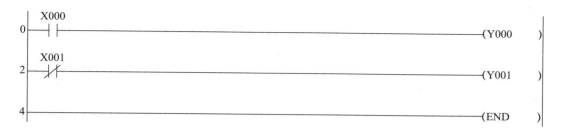

图 3 - 3　点动控制程序梯形图举例

该程序运行时序图如图 3-4 所示，其指令表见表 3-4。

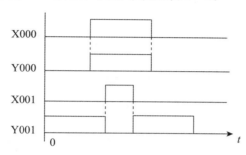

图 3 - 4　点动程序运行时序图

表 3 - 4　指令表

步序	操作码	操作数
0	LD	X000
1	OUT	Y000
2	LDI	X001
3	OUT	Y001

六、项目实施

1. 分析控制要求

按下按钮 SB，线圈通电，喷泉喷水；松开按钮 SB，线圈失电，喷泉停止喷水，是点动控制喷泉运转。

2. 绘制 I/O 分配表

根据上述分析，PLC 需用 1 个输入点和 1 个输出点，具体分配见表 3-5。

表 3 - 5　I/O 分配表

输入			输出		
元件代号	功能	输入点	元件代号	功能	输出点
SB	点动按钮	X000	L（KM）	输出线圈	Y000

3. 绘制外部接线电路图

活动 1：根据 I/O 分配，画出本项目的外部接线图，如图 3-5 所示。

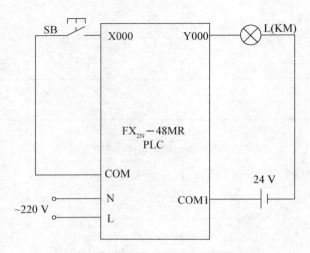

图3-5　点动控制外部接线图

活动2：根据外部接线图，安装外部电路。

4．编写系统梯形图，写出指令表

活动1：根据控制要求，编写点动控制梯形图，如图3-6所示。

图3-6　梯形图

活动2：写出点动控制指令表，见表3-6。

表3-6　指令表

步序	操作码	操作数
0	LD	X000
1	OUT	Y000
2	END	

5．输入梯形图程序

活动1：启动编程软件GX Developer。

活动2：创建新工程。

活动3：输入梯形图程序。

活动4：转换梯形图程序。

活动5：保存工程。

活动6：写入程序。

6．调试系统

活动1：通电前进行安全检查。

活动2：记录调试系统注意事项。

活动 3：根据项目控制要求调试运行程序。

注：通电前进行安全检查，准确无误后才能通电。

七、项目资源

1. 点动程序编写

点动程序编写视频

2. 点动外部接线

点动外部接线视频

3. 点动调试

点动调试视频

八、项目评价

点动控制项目评价，见表 3 - 7。

表 3 - 7　点动控制项目评价表

考核项目	考核内容	配分	评分标准	扣分	得分	备注
学习知识	知识平台的自学情况	15	1. 能理解并说出点动控制程序的工作原理，5 分； 2. 能书写正确的梯形图，5 分； 3. 能书写正确的指令表，5 分			
系统安装	1. 会选择设备模块； 2. 按图正确、规范接线	20	1. 设备模块选择错误扣 5 分； 2. 错、漏线每处扣 2 分； 3. 接线松动每处扣 2 分			
编程操作	1. 创建新工程； 2. 正确输入梯形图； 3. 正确保存工程文件	20	1. 不能建立程序新文件或建立错误扣 4 分； 2. 输入梯形图错误一处扣 2 分			

续表

考核项目	考核内容	配分	评分标准	扣分	得分	备注
运行调试	1. 熟练运行调试系统,发现问题及时解决; 2. 会使用基本指令编程; 3. 通电运行系统,分析运行结果; 4. 会监控梯形图的运行情况	15	1. 不会运行调试程序扣 15 分; 2. 指令使用错误扣 5 分; 3. 系统通电操作错误一步扣 3 分; 4. 分析运行结果错误一处扣 2 分; 5. 不会监控梯形图扣 5 分			
团队协作	小组协作	5	1. 团队成员不能很好协作,有人没参与,每人扣 1 分; 2. 团队出现矛盾冲突,每次扣 2 分,最多扣 5 分			
安全生产	自觉遵守安全文明生产规程	10	违反安全操作扣 10 分			
5S标准	项目实施过程体现 5S 标准	15	1. 整理不到位扣 3 分; 2. 整顿不整齐扣 3 分; 3. 清洁不干净扣 3 分; 4. 清扫不完全扣 3 分; 5. 素养不达标扣 3 分			
时间	3 小时		1. 提前正确完成,每提前 5 分钟加 2 分; 2. 不能超时			

开始时间:		结束时间:		实际时间:	

九、项目拓展

控制 2 台电机点动运转

(1) 控制要求:按下按钮 SB1,电动机 M1 点动运转;按下按钮 SB2,电动机 M2 点动运转。

(2) 按控制要求,完成 I/O 分配。

(3) 按控制要求编制梯形图。

(4) 上机调试并运行程序。

视野拓展　梯形图编程的基本规则

一、触点与线圈的说明

在梯形图中表示 PLC 软继电器触点的基本符号有两种：动合触点和动断触点，相应地，每个触点都有标号以示区分，如：X000、M8013。同一触点可以根据需要在一个程序中多次使用。

梯形图中的线圈是指输出线圈，表示输出继电器，不同的输出线圈用不同的标号以示区分，如 Y000、M1。与触点不同，同一标号的线圈作为输出变量只能使用一次，多次使用的线圈，只有最后一次的输出才是有效的，在编程中应当尽量避免。

二、常见的编程规则举例

（1）梯形图中每一行程序都是以触点与左母线相连开始，以线圈或者功能指令与右母线相连结束。如图 3-7 所示，线圈直接与左母线相连。如果需要，可使用一个辅助继电器的动断触点来隔开。如图 3-8 所示，触点不能接在线圈的右边。

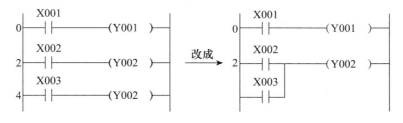

图 3-7　编程规则（一）

图 3-8　编程规则（二）

（2）同一个梯形图中，如果同一编号的线圈在一个程序中使用两次，称为双线圈输出，这种情况只有排在最后的线圈输出有效。如果需要，可以将相应的触点并联，如图 3-9 所示。

图 3-9　编程规则（三）

（3）线圈可以并联输出，不能串联输出，如图 3-10 所示。

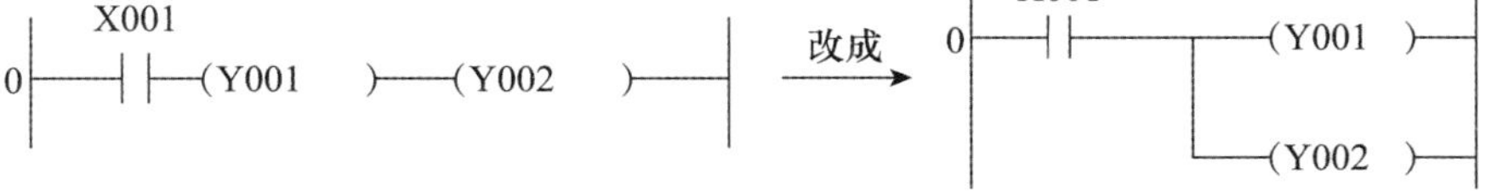

图 3-10　编程规则（四）

（4）梯形图中一个很重要的原则是"左重右轻，上重下轻"，如图 3-11 和图 3-12 所示，并联触点相对数量多的部分要放在上面，并且靠近左边母线。

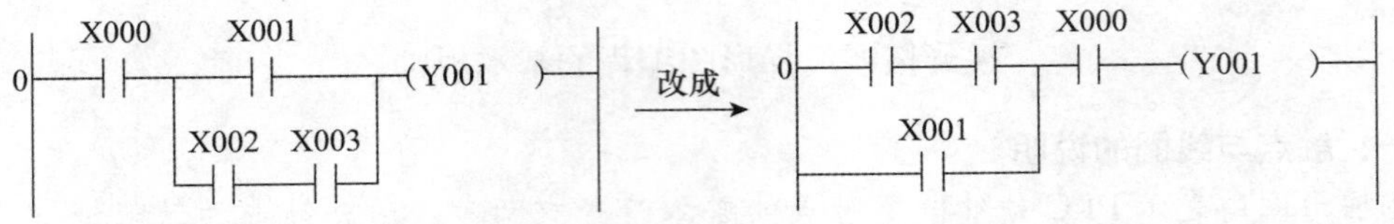

图 3 - 11　编程规则（五）

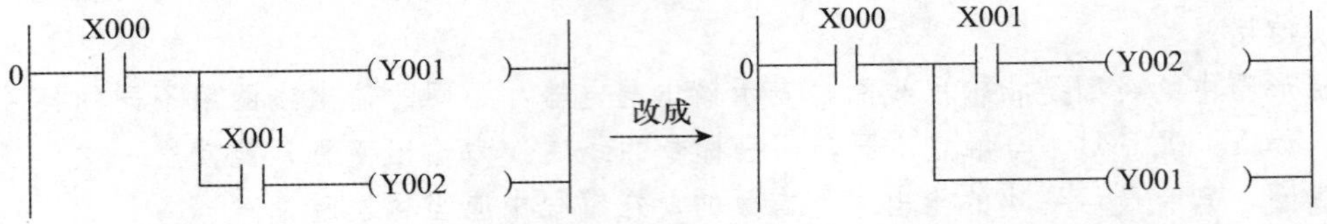

图 3 - 12　编程规则（六）

　　在设计梯形图时，输入继电器的触点状态按输入设备全部为动合进行设计更为合适，不易出错。为此，尽可能用输入设备的动合触点与 PLC 输入端连接，如果某些信号只能用动断输入，可先按输入设备为动合来设计，然后将梯形图中对应的输入继电器触点取反（动合改成动断、动断改成动合）。

项目4　三相异步电动机单向连续运行 PLC 控制

一、学习目标

1. 会应用与指令、与非指令、或指令和或非指令编写梯形图；
2. 能理解并说出连动控制程序的工作原理；
3. 能根据项目的任务要求，完成连动控制的编程、调试与质量监控检测。

二、项目任务

　　三相异步电动机的单向连续运行控制与点动运行控制都是基础的正转控制内容，也是应用最多的控制电路之一。本项目的任务是安装与调试三相异步电动机单向连续运行控制电路。

1. 项目描述

　　某汽车企业门口设有一个迎宾的喷泉，其控制要求如下：按下起动按钮 SB1，电动机连续运转，喷泉喷水，按下停止按钮 SB2 后，电动机停止运转，水泵停止工作。喷泉连续运行控制时序图如图 4 - 1 所示。

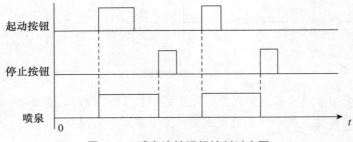

图 4 - 1　喷泉连续运行控制时序图

2. 连动-喷泉运行效果视频

连动-喷泉运行效果视频

3. 项目实施流程

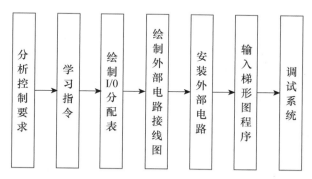

分析控制要求 → 学习指令 → 绘制I/O分配表 → 绘制外部电路接线图 → 安装外部电路 → 输入梯形图程序 → 调试系统

三、项目分析

连续运行控制电路如图4-2所示，起动时，合上空气断路器 QF，按下按钮 SB1，交流接触器 KM 线圈得电，主触点闭合，三相电动机 M 得电连续运行，按下按钮 SB2，KM 线圈失电，主触点断开，电动机失电停转。

当电动机长时间发生过载时，热继电器 FR 的动断触点断开，切断控制电路，实现电动机的过载保护。

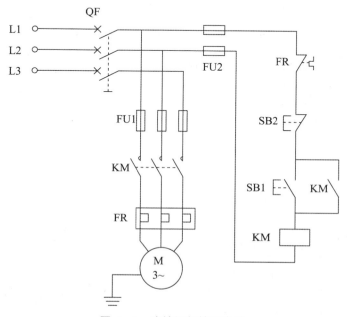

图 4-2 连续运行控制电路

四、项目设备

根据本项目的控制要求，选用学习所需工具、设备，见表 4 - 1。

表 4 - 1　实训器材表

序号	分类	名称	型号规格	数量	单位	备注
1	工具	万用表	MF47	1	只	
2	设备	电源模块	AC 220 V	1	个	
3			DC 24 V	1	个	
4		电脑	HP p6 - 1199cn	1	台	
5		PLC 模块	FX$_{2N}$ - 48MR	1	个	
6		电机控制实验单元模块	SX - 801 - 1	1	个	
7		开关、按钮板	SX - 801B	1	个	
8		连接导线	K2 测试线	若干	条	

五、知识平台

1. 基本指令

AND、ANI、OR、ORI、SET、RST、ZRST 指令格式及功能见表 4 - 2。

表 4 - 2　AND、ANI、OR、ORI、SET、RST、ZRST 指令格式及功能

名称	逻辑功能	可用软元件	程序步
与指令 AND	单个动合触点与前面的触点串联连接	X、Y、M、T、C、S	1
与非指令 ANI	单个动断触点与前面的触点串联连接	X、Y、M、T、C、S	1
或指令 OR	单个动合触点与前面的触点并联连接	X、Y、M、T、C、S	1
或非指令 ORI	单个动断触点与前面的触点并联连接	X、Y、M、T、C、S	1
置位指令 SET	使指定的软元件接通并保持	Y、M、S	Y、M 为 1；S、T、C 和特殊 M 为 2；D、V、Z 和特殊 D 为 3
复位指令 RST	使指定的软元件断开并保持	Y、M、S、T、C、D、V、Z	
区间复位指令 ZRST	将指定的某一区间中同一种类的软元件成批复位	字元件：T、C、D 位元件：Y、M、S	5

2. AND、ANI 指令应用举例

如图 4 - 3 所示为 AND、ANI 梯形图程序举例，该程序的工作原理为：当 X000 和 X001 接通，且 X002 断开时，输出线圈 Y000 接通。

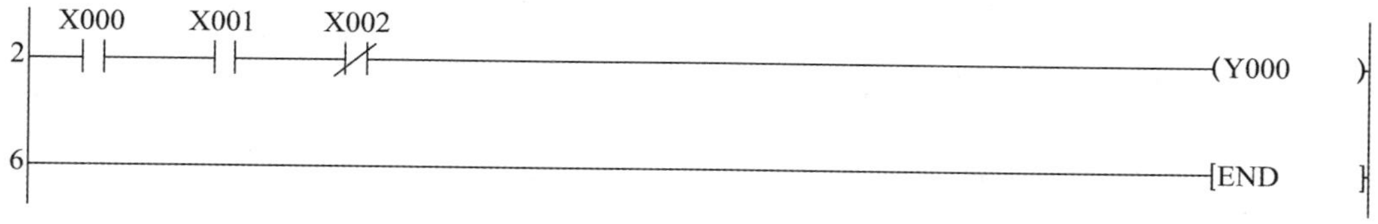

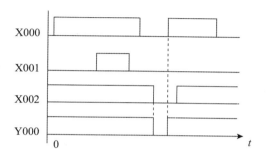

图 4 - 3　AND、ANI 梯形图程序举例

该程序执行的时序图如图 4 - 4 所示，其指令表见表 4 - 3。

图 4 - 4　时序图

表 4 - 3　指令表

步序	操作码	操作数
0	LD	X000
1	AND	X001
2	ANI	X002
3	END	

3. OR、ORI 程序举例

如图 4 - 5 所示为 OR、ORI 梯形图程序举例，该程序的工作原理为：当 X000 或 X001 任意一个接通，或者 X002 断开时，输出线圈 Y000 接通。

图 4 - 5　OR、ORI 梯形图程序举例

该程序执行的时序图如图 4 - 6 所示，其指令表见表 4 - 4。

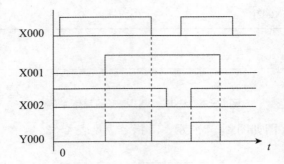

图4-6 时序图

表4-4 指令表

步序	操作码	操作数
0	LD	X000
1	OR	X001
2	ORI	X002
3	END	

4. SET、RST、ZRST 指令应用举例

如图4-7所示为 SET、RST、ZRST 梯形图程序举例，该程序的工作原理为：当 X000 接通，输出线圈 Y001 置位，保持接通状态；当 X001 接通，输出线圈 Y001 复位，保持断开状态；当 X002 接通，Y002～Y006 的5个线圈复位。

```
     X000
0 ───┤ ├──────────────────────────────────────[SET    Y001  ]

     X001
2 ───┤ ├──────────────────────────────────────[RST    Y001  ]

     X002
4 ───┤ ├──────────────────────────────[ZRST    Y002    Y006  ]

10 ───────────────────────────────────────────────────[END  ]
```

图4-7 SET、RST、ZRST 梯形图程序举例

该程序的指令表见表4-5。

表4-5 指令表

步序	操作码	操作数	步序	操作码	操作数
0	LD	X000	4	LD	X002
1	SET	Y001	5	ZRST	Y002 Y006
2	LD	X001	10	END	
3	RST	Y001			

六、项目实施

1. 分析控制要求

按下起动按钮 SB1，线圈通电，松开起动按钮 SB1，线圈不会失电。按下停止按钮 SB2，线圈失电。

2. 绘制 I/O 分配表

根据上述分析，PLC 需用 2 个输入点和 1 个输出点，具体分配见表 4-6。

表 4-6　I/O 分配表

输入			输出		
元件代号	功能	输入点	元件代号	功能	输出点
SB1	起动按钮	X000	L（KM）	电动机	Y000
SB2	停止按钮	X001			

3. 绘制外部接线电路图

活动 1：根据 I/O 分配，画出本项目的外部接线图，如图 4-8 所示。

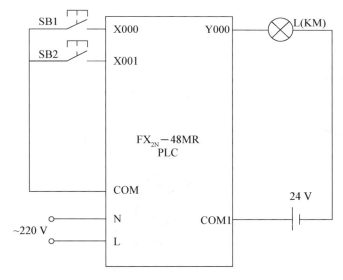

图 4-8　PLC 外部接线图

活动 2：根据外部接线图，安装外部电路。

4. 编写系统梯形图，写出指令表

活动 1：根据控制要求，编写梯形图，如图 4-9 所示。

图 4-9　梯形图

PLC技术应用

活动2：写出指令表，见表4-7。

表4-7　指令表

步序	操作码	操作数
0	LD	X000
1	OR	Y000
2	LDI	X001
3	OUT	Y000
4	END	

5. 输入梯形图程序

活动1：启动编程软件 GX Developer。

活动2：创建新工程。

活动3：输入梯形图程序。

活动4：转换梯形图程序。

活动5：保存工程。

活动6：写入程序。

6. 调试系统

活动1：通电前进行安全检查。

活动2：记录调试系统注意事项。

活动3：根据项目控制要求调试运行程序。

注：通电前进行安全检查，准确无误后才能通电。

七、项目资源

1. 连动程序编写

连动程序编写视频

2. 连动外部接线

连动外部接线视频

3. 连动调试

连动调试视频

八、项目评价

连动控制项目评价，见表 4 - 8。

表 4 - 8　连动控制项目评价表

考核项目	考核内容	配分	评分标准	扣分	得分	备注
学习知识	知识平台的自学情况	15	1. 能够理解并说出连动控制程序的工作原理，5 分； 2. 能书写正确的梯形图，5 分； 3. 能书写正确的指令表，5 分			
系统安装	1. 会选择设备模块； 2. 按图正确、规范接线	20	1. 设备模块选择错误扣 5 分； 2. 错、漏线每处扣 2 分； 3. 接线松动每处扣 2 分			
编程操作	1. 创建新工程； 2. 正确输入梯形图； 3. 正确保存工程文件	20	1. 不能建立程序新文件或建立错误扣 4 分； 2. 输入梯形图错误一处扣 2 分			
运行调试	1. 熟练运行调试系统，发现问题及时解决； 2. 会使用基本指令编程； 3. 通电运行系统，分析运行结果； 4. 会监控梯形图的运行情况	15	1. 不会运行调试程序扣 15 分； 2. 指令使用错误扣 5 分； 3. 系统通电操作错误一步扣 3 分； 4. 分析运行结果错误一处扣 2 分； 5. 不会监控梯形图扣 5 分			
团队协作	小组协作	5	1. 团队成员不能很好协作，有人没参与，每人扣 1 分； 2. 团队出现矛盾冲突，每次扣 2 分，最多扣 5 分			
安全生产	自觉遵守安全文明生产规程	10	违反安全操作扣 10 分			
5S标准	项目实施过程体现 5S 标准	15	1. 整理不到位扣 3 分； 2. 整顿不整齐扣 3 分； 3. 清洁不干净扣 3 分； 4. 清扫不完全扣 3 分； 5. 素养不达标扣 3 分			
时间	3 小时		1. 提前正确完成，每提前 5 分钟加 2 分； 2. 不能超时			
开始时间：		结束时间：		实际时间：		

九、项目拓展

项目拓展 1：使用 SET 和 RST 指令，设计相应的梯形图程序完成本项目中对三相异步电动机连续运转的控制要求。

项目拓展 2：控制 2 台电动机连续运转。

（1）控制要求：按下按钮 SB1，电动机 M1 连续运转；按下按钮 SB2，电动机 M2 连续运转。

（2）按控制要求，完成 I/O 分配。

（3）按控制要求编制梯形图。

（4）上机调试并运行程序。

视野拓展　三菱 FX_{3U}系列和 FX_{5U}系列 PLC 简介

➤ 三菱 FX_{3U} 系列 PLC 简介

本书使用的三菱 FX$_{2N}$ 系列 PLC 是三菱公司推出的高性能小型可编程控制器，为 FX 系列 PLC 中应用最广泛的产品之一。科技的进步带动产品的更新换代，三菱生产出了性能更优的 FX$_{3U}$ 和 FX$_{5U}$ 系列。

一、三菱 FX_{3U} 系列 PLC 的特点

FX$_{3U}$ 系列 PLC 是三菱公司新开发的第三代小型 PLC，如图 4 - 10 所示，与 FX$_{2N}$ 系列相比较，其特点是运算速度更快（每步基本指令运行时间为 0.065 s），内存容量更大，I/O 接口更多（可扩展至 384 点），控制功能更强（可同时进行 6 点 100 kHz 的高速计数），网络通信功能也更强。

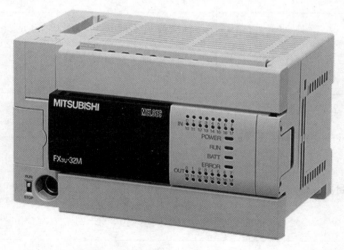

图 4 - 10　FX_{3U} 系列 PLC

二、FX_{3U} 系列 PLC 的基本单元和扩展单元

FX$_{3U}$ 系列 PLC 的基本单元有 16、32、48、64、80 共 5 种基本规格，累计 15 种机型，见表 4 - 9。

表 4-9　FX_{3U}系列 PLC 的基本单元

表 4-9　FX_{3U}系列 PLC 的基本单元

型号			输入点数	输出点数
继电器输出	晶体管（漏型）输出	晶体管（源型）输出		
FX_{3U}－16MR/ES	FX_{3U}－16MT/ES	FX_{3U}－16MT/ESS	8	8
FX_{3U}－32MR/ES	FX_{3U}－32MT/ES	FX_{3U}－32MT/ESS	16	16
FX_{3U}－48MR/ES	FX_{3U}－48MT/ES	FX_{3U}－48MT/ESS	24	24
FX_{3U}－64MR/ES	FX_{3U}－64MT/ES	FX_{3U}－64MT/ESS	32	32
FX_{3U}－80MR/ES	FX_{3U}－80MT/ES	FX_{3U}－80MT/ESS	40	40

FX_{3U}系列 PLC 一般使用 FXON/FX_{2N}系列 PLC 的扩展单元进行 I/O 扩展，注意此时 PLC 主机的 I/O 点数和使用 CC-Link 连接的远程 I/O 点数均不能超过 256 点，且两者合计的 I/O 点数不能超过 384 点，此外还要考虑特殊功能模块所占用的 I/O 点数。

三、FX_{3U}系列 PLC 的主要技术指标

FX_{3U}系列 PLC 的主要技术指标见表 4-10。

表 4-10　FX_{3U}系列 PLC 的主要技术指标

项目		规格	备注
运转处理时间		基本指令：0.065 μs/指令 应用指令：0.642 至几百 μs/指令	
程序容量		内置 64 K 步 EEPROM	
指令数目		基本顺序指令：27 步进梯形指令：2 应用指令：209	
最大 I/O 点数		384	
辅助继电器（M）	一般	500 点	M0～M499
	锁定	7 180 点	M500～M7679
	特殊	512 点	M8000～M8511
状态继电器（S）	初始	10 点	S0～S9
	锁定	400 点	S500～S4059
定时器（T）	100 ms	范围：0.1～3 276.7 s、206 点	T0～T199，T250～T255
	10 ms	范围：0.01～327.67 s、46 点	T200～T245
	1 ms	范围：0.001～32.767 s、260 点	T246～T249，T256～T512
计数器（C）	一般 16 位	范围：0～32 767、100 点	C0～C99（类型：16 位加计数器）
	锁定 16 位	范围：0～3 2767、100 点	C100～C199（类型：16 位加计数器）
	一般 32 位	范围：－2 147 483 648～＋2 147 483 647、20 点	C200～C219（类型：32 位加/减计数器）
	锁定 32 位	范围：－2 147 483 648～＋2 147 483 647、15 点	C220～C234（类型：16 位加/减计数器）

续表

项目		规格	备注
高速计数器 (C)	单相	范围：−2 147 483 648～＋2 147 483 647 一般规则：选择组合计数频率不大于 20 kHz 的计数器组合，注意所有的计数器锁定	C235～C240、6 点
	单相 C/W 起始停止输入		C241～C245、5 点
	双相		C246～C250、5 点
	A/B 相		C251～C255、5 点
数据寄存器 (D)	一般	200 点	D0～D199（类型：32 位元件的数据存储寄存器对）
	锁定	312 点	D200～D511（类型：32 位元件的数据存储寄存器对，可以通过参数设置改变为非断电保持型）
		7 488 点	D512～D7999（类型：32 位元件的数据存储寄存器对，不能通过参数设置改变其断电保持型）
	文件寄存器	7 000 点	D1000～D7999 通过 14 块 500 程式步的参数设置（类型：16 位数据存储寄存器）
	特殊	512 点	从 D8000～D8511（类型：16 位数据存储寄存器）
	变址	16 点	V0～V7 以及 Z0～Z7（类型：16 位数据存储寄存器）
指针（P/I）	分支指令用	128 点	P0～P127
	中断用	6 输入点、3 定时器、6 计数器	I00×～I50× 和 I6×× ～ I8××（上升触发×为 1，下降触发×为 0，××为时间，单位为 ms）
嵌套层次		用于 MC 和 MRC 时 8 点	N0～N7
常数	十进制数 K	16 位：−32 768～＋32 768	
	十六进制数 H	16 位：0000～FFFF	
	浮点	32 位：±1.175×10⁻³⁶，±3.403×10⁻³⁶（不能直接输入）	

FX$_{3U}$ 有比 FX$_{2N}$ 更强的技术性能，如需进一步了解相关参数，可查阅相关资料。

▶ 三菱 FX$_{5U}$ 系列 PLC 简介

随着科技的进步，三菱生产出了比 FX$_{3U}$ 性能更好的 FX$_{5U}$ 系列。

一、三菱 FX$_{5U}$ 系列 PLC 的特点

FX$_{5U}$ 系列 PLC 如图 4－11 所示，是三菱公司三菱电机小型可编程控制器 MELSEC iQ-F 系列（FX$_{5U}$ 系列），以基本性能的提升、与驱动产品的连接、软件环境的改善为亮点，是 FX$_{3U}$ 系列的升级产品。

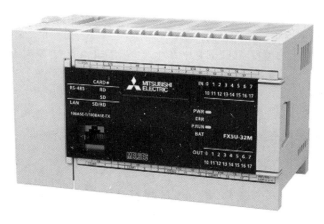

图 4－11 FX$_{5U}$ 系列 PLC

二、三菱 FX$_{5U}$ 系列 PLC 的性能

控制规模：32～256 点（CPU 单元：32/64/80 点）

CC-Link、AnyWireASLINK 和 Bitty 包括远程 I/O 最大 512 点。

程序存储器：64 K 步。

内置模拟输入输出：A/D 2 通道 12 位、D/A 1 通道 12 位。

内置 SD 卡插槽：最大 4 GB（SD/ SDHC 存储卡）。

内置以太网端口：10BASE-T/100BASE-TX。

内置 RS-485 端口：RS-422/RS-485 标准。

内置定位：独立的 4 轴 200 kHz 的脉冲输出。

内置高速计数器：最大 8 CH 200 kHz 高速脉冲输入（FX$_{5U}$-32M 为 6ch 200 kHz＋2 ch 10 kHz）。

三、三菱 FX$_{5U}$ 系列 PLC 的基本单元

FX$_{5U}$ 系列 PLC 基本单元有 32、64 和 80 共 3 种基本规格，见表 4－11。

表 4－11 FX$_{5U}$ 系列 PLC 的基本单元

型号			输入点数	输出点数
继电器输出	晶体管（漏型）输出	晶体管（源型）输出		
FX$_{5U}$－32MR/ES	FX$_{5U}$－32MT/ES	FX$_{5U}$－32MT/ESS	16	16
FX$_{5U}$－64MR/ES	FX$_{5U}$－64MT/ES	FX$_{5U}$－64MT/ESS	32	32
FX$_{5U}$－80MR/ES	FX$_{5U}$－80MT/ES	FX$_{5U}$－80MT/ESS	40	40

四、三菱 FX$_{5U}$ 系列产品的主要特点

1. CPU 性能

作为 MELSEC iQ-F 心脏的 PLC 执行器，新开发了对应搭载了可以执行结构化程序

和多个程序的执行器，并可写入 ST 语言和 FB。程序容量 64 K 步、指令运算速度 (LD, MOV 指令) 高达 34 ns。

2. 内置 SD 存储器

内置的 SD 卡存储器，非常便于进行程序升级和设备的批量生产。另外，SD 卡上可以载入数据 (今后对应)，对把握分析设备的状态和生产状况有很大的帮助。

3. RUN/STOP/RESET 开关

RUN/STOP 开关上内置了 RESET 功能。无须关闭主电源就可重新启动，使调试变得更有效率。

4. 内置 RS-485 端口 (带 MODBUS 功能)

FX5U 通过内置 RS-485 通信端口，与三菱常规变频器的最长通信长度为 50 m，最大为 16 台 (可通过 6 种应用指令进行控制)。另外还带 MODBUS 功能，可连接 PLC、传感器、温度调节器等周边设备，最大可连接 32 台 (包含主站)。

5. 内置模拟量输入/输出 (附带报警输出)

FX5U 内置 12 位 2 CH 模拟量输入和 1 CH 模拟量输出。无须程序，仅通过设定参数便可使用。可通过参数来设定数值的传送、比例大小、报警输出。

6. 安全性高

MELSEC iQ-F 可以通过安全功能 (文件密码、远程密码、安全密码)，来防止第三方非法登录而进行数据的盗取及非法实施等行为。

7. 高速系统总线

MELSEC iQ-F 搭载了高速 CPU 的同时，实现了 1.5 KB/ms 的通信速度 (约为 FX3U 的 150 倍)，即使扩展使用多台智能模块，也可最大限度地发挥其作用。

8. 无须电池，维护简单

程序无须电池便可保持，计时器数据可通过大容量电容器保持 10 日 (根据使用情况会有变化)。

备注：使用选件电池时，可实现计时器数据与软元件寄存的停电保持。

9. 内置 Ethernet 端口

标准搭载了 Ethernet 端口、RS-485 端口、SD 存储卡槽。Ethernet 端口可支持 CC-Link IE 现场网络 Basic，在网络上最大可以连接 8 台电脑或设备，并可对应远程设备的维护或与上位机之间的无缝 SLMP 通信，非常有效。

10. 先进的定位功能

(1) 内置定位 (200 kHz、内置 4 轴)。

可对应 20 μs 高速启动的定位。通过 FX5U/FX5UC 的 8 CH 实现高速脉冲输入和 4 轴脉冲输出定位功能。另外，可通过表格设定高速输出，还可通过专用指令实现中断定位、可变速度运行、简易插补功能。

(2) 简易运动控制定位模块 (4 轴控制模块)。

通过 SSCNET Ⅲ/H 定位控制，FX5-40SSC-S 搭载了对应 SSCNET Ⅲ/H 4 轴定位功能的模块。结合线性插补、2 轴间的圆弧插补以及连接轨迹控制，可轻松实现平滑的定位控制。

(3) 先进的运动控制功能。

通过在小巧的设备上搭载简易控制模块，可实现丰富的运动控制。

简易运动控制定位模块，只需要通过简单的参数设定和顺控程序，就可轻松实现定位控制，高度同步控制，凸轮控制，速度、扭矩控制。

1）同步控制。把齿轮、轴、减速机、凸轮等机械上的构造，通过软件转换成同步控制数据，可轻松地实现凸轮控制、离合器、凸轮自动生成等功能。另外。由于可对每根轴同步进行起动、停止的控制，因此可混合使用同步控制轴和定位轴。

2）凸轮数据自动生成。以前难以做成的旋转切刀的凸轮数据，现在只需输入材料长度、同步宽度、凸轮分辨率等数据，就可自动生成。

3）标记检测功能。通过输入工件中的标识，可修正刀具轴的偏差，并保持一定的位置切割工件。

项目5 三相异步电动机顺序起动逆序停止 PLC 控制

一、学习目标

1. 会应用块与指令、块或指令编写梯形图；
2. 能理解并说出顺序起动逆序停止控制程序的工作原理；
3. 能根据项目的任务要求，完成顺序起动逆序停止控制的编程、调试与质量监控检测。

二、项目任务

在实际生产中，有时会因安全或生产需要按照一定的顺序来控制电动机的起动与停止。如在普通车床加工过程中，要求主轴电动机起动后，进给的电动机才能起动。本项目的任务是安装与调试三相异步电动机顺序起动逆序停止控制电路。

1. 项目描述

如图 5-1 所示，某食品加工企业搅拌作业车间里有两台电机，要求作业时冷却泵电动机先工作，搅拌电动机才能起动，停止作业时需要先停止搅拌电动机，才能停止冷却泵电动机。

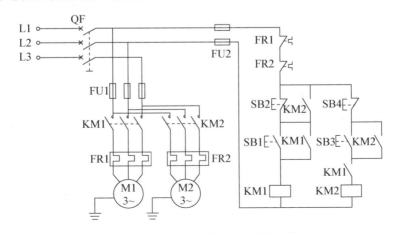

图 5-1 顺序起动逆序停止控制电路

2. 项目实施流程

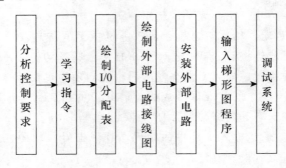

三、项目分析

所谓顺序起动逆序停止，就是按一定的顺序起动或停止电动机，保证操作过程的合理和工作的安全可靠。以两个电动机为例，按照顺序按下起动按钮 SB1 和 SB2 后，电动机 M1 和 M2 分别得电运转，当起动顺序错误时电动机不运转，按照逆序按下停止按钮 SB3 和 SB4 后，电动机 M2 和 M1 分别停止运转，当停止顺序错误时，电动机不能停止运转。

如图 5-1 所示，起动时，合上空气断路器 QF，按下按钮 SB1，交流接触器 KM1 线圈得电，主触点闭合，辅助触点闭合，三相电动机 M1 得电连续运行，按下按钮 SB3，交流接触器 KM2 线圈得电，辅助触点闭合，电动机 M2 得电连续运行。

停止时，按下 SB4，交流接触器 KM2 线圈失电，KM2 辅助触点断开，三相电动机 M2 失电停转，按下 SB2，交流接触器 KM1 线圈失电，三相电动机 M1 停止运转。

四、项目设备

根据本项目的控制要求，选用学习所需工具、设备，见表 5-1。

表 5-1 实训器材表

序号	分类	名称	型号规格	数量	单位	备注
1	工具	万用表	MF47	1	只	
2	设备	电源模块	AC 220 V	1	个	
3			DC 24 V	1	个	
4		电脑	HP p6-1199cn	1	台	
5		PLC 模块	FX$_{2N}$-48MR	1	个	
6		电机控制实验单元模块	SX-801-1	1	个	
7		开关、按钮板	SX-801B	1	个	
8		连接导线	K2 测试线	若干	条	

五、知识平台

块与指令和与指令相似，与指令是应用在单个触点的串联，而多个触点或者多个电路块的串联则需要用到块与指令。

同理，块或指令和或指令相似，或指令是应用在单个触点的并联，而多个触点或者多个电路块的并联则需要用到块或指令。

1. ANB、ORB 指令格式及功能

ANB、ORB 指令格式及功能见表 5－2。

表 5－2　ANB、ORB 指令格式及功能

名称	逻辑功能	可用软元件	程序步
块与指令 ANB	多个并联电路块的串联连接	无	1
块或指令 ORB	多个串联电路块的并联连接	无	1

2. 指令应用举例

（1）ANB 指令应用举例。

如图 5－2 所示为梯形图程序举例，该梯形图中，X000 和 X001 组成的并联块（图中左圈），与 X002 和 X003 组成的并联块（图中右圈）相串联。

图 5－2　ANB 梯形图程序举例

该程序的指令表见表 5－3。

表 5－3　指令表

步序	操作码	操作数	步序	操作码	操作数
0	LD	X000	3	OR	X003
1	ORI	X001	5	ANB	
2	LD	X002	6	END	

（2）ORB 指令应用举例。

如图 5－3 所示为梯形图程序举例，该梯形图中，X000 和 X002 组成的串联块（图中上圈），与 X001 和 X003 组成的串联块（图中下圈）相并联。

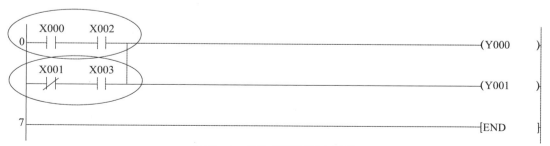

图 5－3　ORB 梯形图程序举例

该程序的指令表见表 5 - 4。

表 5 - 4　指令表

步序	操作码	操作数	步序	操作码	操作数
0	LD	X000	3	AND	X003
1	AND	X002	5	ORB	
2	LDI	X001	6	END	

六、项目实施

1. 分析控制要求

起动时，分别按下 SB1 和 SB3，按照三相电动机 M1 先起动，M2 后起动的顺序进行，即使先按下 SB3，M2 也不能先运行。

停止时，分别按下 SB4 和 SB2，按照三相电动机 M2 先停止，M1 后停止的顺序进行，即使先按下 SB2，M1 也不能先停止。

2. 绘制 I/O 分配表

根据上述分析，PLC 需用 4 个输入点和 2 个输出点，具体分配见表 5 - 5。

表 5 - 5　I/O 分配表

输入			输出		
元件代号	功能	输入点	元件代号	功能	输出点
SB1	M1 起动按钮	X000	L1（KM）	M1 电动机	Y000
SB2	M1 停止按钮	X001	L2（KM2）	M2 电动机	Y001
SB3	M2 起动按钮	X002			
SB4	M2 停止按钮	X003			

3. 绘制外部接线电路图

活动 1：根据 I/O 分配，画出本项目的外部接线图，如图 5 - 4 所示。

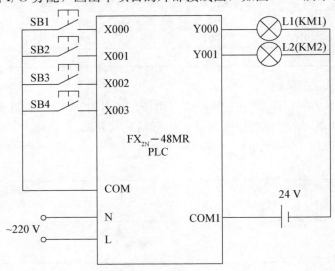

图 5 - 4　PLC 外部接线图

活动 2：根据外部接线图，安装外部电路。

4. 编写系统梯形图，写出指令表

活动 1：根据控制要求，编写梯形图，如图 5-5 所示。

图 5-5　梯形图

活动 2：写出指令表，见表 5-6。

表 5-6　指令表

步序	操作码	操作数	步序	操作码	操作数	步序	操作码	操作数
0	LD	X000	5	ANI	X004	10	ANI	X005
1	OR	Y000	6	OUT	Y000	11	AND	Y000
2	LDI	X001	7	LD	X002	12	OUT	Y001
3	OR	Y001	8	OR	Y001	13	END	
4	ANB		9	ANI	X003	14		

5. 输入梯形图程序

活动 1：启动编程软件 GX Developer。

活动 2：创建新工程。

活动 3：输入梯形图程序。

活动 4：转换梯形图程序。

活动 5：保存工程。

活动 6：写入程序。

6. 调试系统

活动 1：通电前进行安全检查。

活动 2：记录调试系统注意事项。

活动 3：根据项目控制要求调试运行程序。

注：通电前进行安全检查，准确无误后才能通电。

七、项目资源

1. 顺序起动逆序停止程序编写

顺序起动逆序停止程序编写视频

2. 顺序起动逆序停止外部接线

顺序起动逆序停止外部接线视频

3. 顺序起动逆序停止调试

顺序起动逆序停止调试视频

八、项目评价

顺序起动逆序停止项目评价，见表 5-7。

表 5-7 顺序起动逆序停止项目评价表

考核项目	考核内容	配分	评分标准	扣分	得分	备注
学习知识	知识平台的自学情况	15	1. 能理解并说出顺序起动逆序停止控制程序的工作原理，5分； 2. 能书写正确的梯形图，5分； 3. 能书写正确的指令表，5分			
系统安装	1. 会选择设备模块； 2. 按图正确、规范接线	20	1. 设备模块选择错误扣5分； 2. 错、漏线每处扣2分； 3. 接线松动每处扣2分			
编程操作	1. 创建新工程； 2. 正确输入梯形图； 3. 正确保存工程文件	20	1. 不能建立程序新文件或建立错误扣4分； 2. 输入梯形图错误一处扣2分			
运行调试	1. 熟练运行调试系统，发现问题及时解决； 2. 会使用基本指令编程； 3. 通电运行系统，分析运行结果； 4. 会监控梯形图的运行情况	15	1. 不会运行调试程序扣15分； 2. 指令使用错误扣5分； 3. 系统通电操作错误一步扣3分； 4. 分析运行结果错误一处扣2分； 5. 不会监控梯形图扣5分			

续表

考核项目	考核内容	配分	评分标准	扣分	得分	备注
团队协作	小组协作	5	1. 团队成员不能很好协作，有人没参与，每人扣1分； 2. 团队出现矛盾冲突，每次扣2分，最多扣5分			
安全生产	自觉遵守安全文明生产规程	10	违反安全操作扣10分			
5S标准	项目实施过程体现5S标准	15	1. 整理不到位扣3分； 2. 整顿不整齐扣3分； 3. 清洁不干净扣3分； 4. 清扫不完全扣3分； 5. 素养不达标扣3分			
时间	3小时		1. 提前正确完成，每提前5分钟加2分； 2. 不能超时			
开始时间：		结束时间：		实际时间：		

九、项目拓展

控制 3 台电机顺序起动逆序停止

（1）控制要求：先后按下按钮 SB1、SB2 和 SB3，电动机 M1、M2、M3 顺序起动运转；先后按下按钮 SB6、SB5 和 SB4，电动机 M3、M2、M1 分别停止运转。

（2）按控制要求，完成 I/O 分配。

（3）按控制要求编制梯形图。

（4）上机调试并运行程序。

视野拓展　欧姆龙 CPM1A 系列 PLC 简介

一、欧姆龙公司的 PLC 产品简介

欧姆龙 PLC 如图 5-6 所示，是一种功能完善的紧凑型产品，能为业界领先的输送分散控制等提供高附加值机器控制；还具有通过各种高级内装板进行升级的能力；具有大程序容量和存储器单元；具有 Windows 环境下高效的软件开发能力。

图 5-6 欧姆龙公司的 PLC 产品

（1）微型机：代表型号为 SP 系列（SP10/SP16/SP20）。

（2）小型机：早期的产品有 C20、C28、C40 和 C60 共 4 种型号，分为 P、K、H 3 种机型，K、H 型的性能和价格均比 P 型机要高。P 型机以其较低的价格、较高的性价比，前些年在我国销量很大，现在已被具有更高性价比的升级换代产品 CPM1A 取代。此外，小型机还有 CPM2A、CPM2C、CQM1、CQM1H 等系列，其中 CPM2C、CQM1 为模块式结构，CQM1H 为 CQM1 的升级换代产品。

（3）中型机：主要有 C200H、C200HS、C200Hα、CS1 等系列。C200H 是前些年在我国市场比较流行的中型机，C200HS 是 C200H 的升级换代产品，而 C200Hα 又是 C200HS 的升级换代产品。相比之下，C200Hα 系列（C200HX/C200HC/C200HE）的容量更大（是 C200HS 的 2 倍）、速度更快（为 C200HS 的 3.75 倍）、指令更丰富、网络功能更强，I/O 口最多可有 1 148 点。CS1 系列的功能可与大型机媲美，是一种很有推广价值的机型。

（4）大型机：主要有 C1000H/C2000CV（CvS0CV1000C0V200M）等系列。

二、CPM1A 系列 PLC 简介

1. 产品型号

CPMIA 系列产品包括主机（CPU 单元）、I/O 扩展单元和特殊功能单元、通信单元等。主机的 I/O 点数有 10、20、30、40 共 4 种类型，有 2 种电源类型（交、直流），3 种输出类型（继电器、NPN 和 PNP 型晶体管），共有 16 种型号（对于每一种 I/O 点数，交流型只有继电器 1 种输出类型，而直流型有 3 种输出类型，共有 4 种型号，因此 4 种 I/O 点数共有 16 种型号）。I/O 扩展单元只有 3 种类型（8 点输入型、8 点输出型、12 点输入 8 点输出型），共 7 种型号。

例如，型号 CPM1A-10CDR-A 含义为 I/O 点数为 10 点（6 点输入，4 点输出），CPU 单元，继电器输出，使用交流电源（AC 100～240 V）；型号 CPM1A-8ED 含义为 8 点输入的 I/O 扩展单元，使用直流电源（DC 24 V）；型号 CPM1A-20EDT1 含义为 20 点 I/O 扩展单元（12 点输入，8 点输出），PNP 型晶体管输出，不用单独接电源（由主机提供电源）。CPM1A‐10CDR‐A 产品外观如图 5‐7 所示。

图 5‐7 CPM1A‐10CDR‐A 产品外观

2. 主要技术性能

CPM1A 系列主机的主要技术性能见表 5‐8。

表 5‐8 CPM1A 系列主机的主要技术性能

项目		10 点 I/O 型	20 点 I/O 型	30 点 I/O 型	40 点 I/O 型
控制方式		存储程序方式			
输入/输出控制方式		循环扫描方式与即时刷新方式并用			
编程语言		梯形图方式			
指令长度		1 步/指令，1~5 字/指令			
指令种类		基本指令：14 种；应用指令：79 种、139 条			
处理速度		基本指令：0.72~16.2 μs；应用指令：MOV 指令＝16.3 μs			
程序容量		2 048 字			
最大 I/O 点数	仅本体	10 点	20 点	30 点	40 点
	扩展时	—	—	50、70、90 点	60、80、100 点
输入继电器		IR00000~00915		不作为 I/O 继电器使用的通道可作为内部辅助继电器使用	
输出继电器		IR01000~01915			

续表

项目	10 点 I/O 型	20 点 I/O 型	30 点 I/O 型	40 点 I/O 型
内部辅助继电器	512 点：IR2000～23115（IR200～231CH）			
特殊辅助继电器	384 点：SR23200～25515（SR232～255CH）			
暂存继电器	8 点：TR0～TR7			
保持继电器	320 点：HR0000～1915（HR00～19CH）			
辅助记忆继电器	256 点：AR0000～1515（AR00～15CH）			
链接继电器	256 点：LR0000～1515（LR00～15CH）			
定时器/计数器	128 点：TM/CNT000～127 100 ms 型：TIM000～127 10 ms 型（高速定时器）：TIM000～127（与 100 ms 定时器号共用） 减法计数器、可逆计数器			
数据存储器	可读/写	1 002 字：DM0000～0999、DM1022～1023		
	故障履历存入区	22 字：DM1000～1021		
	只读	456 字：DM6144～6599		
	PLC 系统设定区	56 字：DM600～6655		
停电保持功能	保持继电器（HR）、辅助记忆继电器（AR）、计数器（CNT）、数据内存（DM）的内容保持			
内存后备	快闪内存：用户程序、数据内存（只读）（无电池保持）； 超级电容：数据内存（读/写）、保持继电器、辅助记忆继电器、计数器（保持 20 天/环境温度 25℃）			
输入时间常数	可设定 1 ms/2 ms/4 ms/8 ms/16 ms/32 ms/64 ms/128 ms 中的一个			
模拟电位器	2 点（BCD：0～200）			
输入中断	2 点	4 点		
间隔定时器中断	1 点（0.5～319 968 ms、单次中断模式或重复中断模式）			
快速响应输入	与外部中断输入共用（最小宽度为 0.2 ms）			
高速计数器	1 点，单相 5 kHz 或两相 2.5 kHz（线性计数方式） 递增模式：0～65 535（16 位），增减模式：−32 767～32 767（16 位）			
脉冲输出	1 点：20 Hz～2 kHz（单相输出：占空比 50%）			
自诊断功能	CPU 异常（WDT）、内存检查、I/O 总线检查			
程序检查	无 END 指令、程序异常（运行时一直检查）			

3. 内部寄存器的配置

由表 5-8 可见，CPM1A 系列的内部寄存器区分为内部继电器区（IR）、特殊辅助继电器区（SR）、暂存继电器区（TR）、保持继电器区（HR）、辅助记忆继电器区（AR）、链接继电器区（LR）、定时器/计数器区（TC）和数据存储器区（DM）。与 C 系列 P 型机一样，CPM1A 内部继电器的编号也是由通道号和继电器号两部分组成，不同的是通道号用 2~4 位数字表示，继电器由最后 2 位数字 00~15 表示。

（1）内部继电器区（IR）。

IR 区分为两部分，一部分是 I/O 继电器区，另一部分为内部辅助继电器区，IR 区的地址分配见表 5-9。

表 5-9　IR 区地址分配表

名称	点数	通道号	地址号
输入继电器	160（10 字）	000~009CH	0000~00915
输出继电器	60（10 字）	010~019CH	01000~01915
内部辅助继电器	512（32 字）	200~231CH	200~23115

由表 5-9 可见，内部继电器用 5 位数字编号，前 3 位数字表示通道号（一个通道相当于一个字，每字 16 位），后 2 位数字（00~15）表示该字的 16 位编号。输入、输出继电器，有 10 个通道，16×10＝160 点。输入继电器的通道号为 000~009，其中 000、001 通道用作主机的输入端号，002~009 通道用作 I/O 扩展单元的输入端编号。输出继电器的通道号为 010~019，其中 010、011 通道用作主机的输出端编号，012~019 通道用作 I/O 扩展单元的输出端编号。但是实际上，由于 10 点和 20 点的主机不能连接 I/O 扩展单元，30 点和 40 点的主机最多可以连接 3 个 20 点的 I/O 扩展单元，因此 I/O 点数最多为 40＋20×3＝100 点（输入 60 点，输出 40 点），没有使用的 I/O 继电器可以作内部继电器使用。

（2）特殊辅助继电器区（SR）。

特殊辅助继电器主要供系统使用，SR 区共有 24 个通道（232~255CH），现对其主要类别简单介绍如下：

1）20 个通道（232~251CH）通常以通道（字）为单位使用，主要用作宏指令输入区，存放中断使用计数器模式时的设置值，或存放高速计数器的值等；其中 232~249 CH 在没有作特殊功能使用时，可以作为普通内部辅助继电器使用，而 250、251 通道如上所述是用作存放两个模拟量设定电位器的值，所以不能够作为普通内部辅助继电器使用。

2）后面 4 个通道（252~255 CH）通常以位为单位使用，主要用作存储 PLC 的工作状态标志、发出工作启动信号、产生时钟脉冲等。其中 25200 是高速计数器的软件复位标志位，其状态可由用户程序控制，当该位为 ON 时高速计数器被复位，其当前值置为 0000。除 25200 之外的其余继电器，用户程序只能利用其状态而不能改变其状态。

（3）暂存继电器区（TR）。

与 C 系列 P 型机一样，CPM1A 有 8 个暂存继电器，编号为 TR0~TR7。暂存继电器用于暂存梯形图中分支点之前的 ON/OF 状态。同样，在同一程序中不能重复使用编号相同的暂存继电器。而在不同的程序中，同一编号的暂存继电器可以重复使用。

（4）保持继电器区（HR）。

保持继电器的功能与 C 系列 P 型机的基本一样，但 CPM1A 共有 320 个保持继电器（而 C 系列 P 型机只有 160 个），分在 HR00～HR19 这 20 个通道内，编号为 HR0000～HR1915，HR 为保持继电器的符号，4 位数字的前 2 位为通道号，后 2 位为继电器号。

（5）辅助记忆继电器区（AR）。

AR 区共有 16 个通道（AR00～AR15），256 点（AR0000～AR1515）。辅助记忆继电器有掉电保护功能，主要用作存储 PLC 的工作状态信息，如连接扩展单元的台数，发生断电的次数，扫描期的数值和最大值，高速计数器、脉冲输出的工作状态标志，通信出错码以及系统设定区域的异常标志等，用户可根据 AR 区的状态了解系统的运行状况。

（6）链接继电器区（LR）。

LR 区共有 16 个通道（LR00～LRI5），256 点（LR0000～LR1515）。LR 的作用是：当 CPM1A 系列的 PLC 之间与其他系列的 PLC 之间进行 1∶1 链接时，用于与对方进行数据交换。在不进行 1∶1 链接时，LR 可作为内部辅助继电器使用。

（7）定时器/计数器区（TC）。

CPM1A 的定时器、计数器与 C 系列 P 型机形式的功能基本相同。定时器分为普通式 TM 和高速式 TMH 两种，计数器分为不可逆计数器 CNT 和可逆计数器 CNTR 两种。同样是定时无掉电保护功能，计数器有掉电保护功能。所不同的是 CPM1A 的 TC 区共有 128 个定时器/计数器（而 C 系列 P 型机为 48 个），共用编号 000～127，编号也不能重复使用。

（8）数据存储继电器区（DM）。

CPM1A 的 DM 区共有 1 536 个通道，通道号为 DM0000～DM1023、DM6144～DM6655。数据存储继电器不能以点为单位使用，而必须以通道为单位来使用。DM 区具有掉电保护功能。CPM1A 的 DM 区可分为 4 个部分，现对其功能进行简要说明。

1）读写区 DM0000～DM0999、DM1022～DM1023：用户程序可读、写其内容。

2）故障履历存入区 DM1000～DM1021：用作记录有关故障信息，并且可由 DM6655 设定是作故障履历存储器，或是作为普通数据存储器使用。

3）只读存储区 DM6144～DM6599：其内容可用编程器写入，但用户程序只能读出而不能改写。

4）系统设定区 DM6600～DM6655：用作设定各种系统参数，其数据只能用编程器写入而不用程序写入。系统设定区的内容反映出 PLC 的状态。

4. 特殊功能

（1）输入延时滤波功能。

CPM1A 的输入电路设有延时滤波功能，可通过系统设置区的 DM6620～DM6625 进行设置，延时时间的调节范围为 1 ms/2 ms/4 ms/8 ms/16 ms/32 ms/64 ms/128 ms。

（2）高速计数器功能。

CPM1A 具有可以用作递增计数或增减计数的高速计数器功能。在递增计数方式下，计数的最高频率为 5 kHz；在增减计数方式下，计数的最高频率为 2.5 kHz。高速计数器与中断功能一起使用，还可以进行不受扫描周期影响的目标值比较中断控制或区域比较中断控制。

对高速计数器功能进行设置的 DM 区为 DM6642。

（3）外部输入中断功能。

CPM1A 的外部输入中断功能有两种方式：一种是输入中断方式，由输入中断脉冲的上升沿触发；另一种是计数器中断方式，是对中断输入端的输入脉冲进行高速计数，当计到一定数值就可产生一次中断。计数值可在 0～65 535（0～FFFF）范围内设定，计数最高频率为 1 kHz。

CPM1A 的 10 点 I/O 型主机有 2 个外部中断输入端，20 点、30 点、40 点 I/O 型主机则有 4 个外部中断输入端（00003～00006）。

对外部输入中断功能进行设置的 DM 区为 DM6628。

（4）间隔定时中断功能。

在 CPM1A 中有一个间隔定时器，它可以不受扫描周期的影响，每到设定的时间就执行中断。间隔定时中断功能又分为单次中断（达到设定的时间只产生一次中断）和重复中断（每间隔一定时间就中断一次）两种，间隔时间可在 0.5～319 968 ms（以 0.1 ms 为单位）范围内设定。

（5）脉冲捕捉功能。

脉冲捕捉功能又称为输入快速响应功能。CPM1A 的外部中断输入端具有快速响应功能，可捕捉的最短脉冲为 0.2 ms。对脉冲捕捉功能进行设置的 DM 区也是 DM6628。

（6）脉冲输出功能。

CPM1A 系列晶体管输出型主机的 01000 和 01001 两个输出端，能够输出频率在 20 Hz～2 kHz 范围内可调、占空比为 1∶1 的单相脉冲（两个输出端不能同时输出）。输出脉冲的数目、频率分别由 PULS、SPED 指令控制。

（7）通信功能。

CPM1A 系列 PLC 具有较强的通信功能，可与计算机进行上位链接实现 HOST Link 通信；可与欧姆龙公司的可编程终端 PT 链接进行 NT Link 通信；可在本系列的 PLC 之间通信，如与 CQM1、CPM1、SRM1 或 C200Hα 系列之间进行 1∶1 的 PLC Link 通信；还可以通过 LO 链接单元作为从单元加入 Compobus/S 网等。CPM1A 的通信功能由 DM6650～DM6653 进行设置。

CPM1A 系列还有模拟量设定电位器（如前面所述）等功能。此外，在 CPM1A 系列 PLC 的内部采用了快闪存储器，不必使用锂电池来保存内存数据和用户程序，避免了更换电池的麻烦。

项目6　三相异步电动机正反转运行 PLC 控制

一、学习目标

1. 会应用堆栈存储器及堆栈指令编写梯形图；
2. 能理解并说出正反转控制程序的工作原理；
3. 能根据项目的任务要求，完成正反转控制的编程、调试与质量监控检测。

二、项目任务

电动机的正反转控制在日常生活和工业生产中应用比较普遍，如电梯的升降运转，机床主轴的正转和反转，机器人的往复运转等。本项目的任务是安装与调试三相异步电动机正反转运行控制电路。

1. 项目描述

某汽车企业加工作业车间里有一辆运料小车，其控制要求如下：按下正转起动按钮，电动机正转，小车直走；按下反转起动按钮，电动机反转，小车反方向直走；按下停止按钮，电动机停止运转，小车停下。项目任务示意如图 6-1 所示。

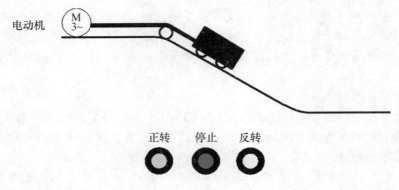

图 6-1　项目任务示意图

2. 正反转-小车运行效果视频

正反转-小车运行效果视频

3. 项目实施流程

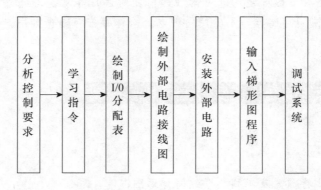

三、项目分析

所谓正反转控制，就是按要求正转和反转控制电动机运行。为保证操作过程的合理和工作的安全可靠，电动机的正反转运行应考虑联锁，避免正转和反转运行电路被同时接通，烧坏电动机。

如图 6-2 所示，正转起动时，合上空气断路器 QF，按下正转按钮 SB1，交流接触器 KM1 线圈得电，主触点闭合，KM1 动合触点闭合自锁，KM1 动断触点断开，切断反转支路，电动机正转连续运行。按下按钮 SB3，KM1 线圈失电，主触点断开，电动机失电停转。

反转起动时，按下反转按钮 SB2，交流接触器 KM2 线圈得电，主触点闭合，KM2 动合触点闭合自锁，KM2 动断触点断开，切断正转支路，电动机反转连续运行。按下按钮 SB3，KM2 线圈失电，主触点断开，电动机失电停转。

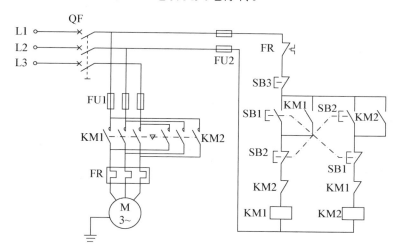

图 6-2 正反转控制电路

四、项目设备

根据本项目的控制要求，选用学习所需工具、设备，见表 6-1。

表 6-1 实训器材表

序号	分类	名称	型号规格	数量	单位	备注
1	工具	万用表	MF47	1	只	
2	设备	电源模块	AC 220 V	1	个	
3			DC 24 V	1	个	
4		电脑	HP p6-1199cn	1	台	
5		PLC 模块	FX$_{2N}$-48MR	1	个	
6		电机控制实验单元模块	SX-801-1	1	个	
7		开关、按钮板	SX-801B	1	个	
8		连接导线	K2 测试线	若干	条	

五、知识平台

1. 基本指令

在 FX 系列 PLC 中，有 11 个称为堆栈的存放中间运算结果的存储器，其遵循"先进后出"的方式存取数据。

堆栈指令应用于有多个分支结构的多重输出梯形图中，并且在分支点与线圈之间有触点的情形，需要在第一次运算时，将该分支点的运算结果压入堆栈保存。

MPS、MRD、MPP 指令格式及功能见表 6-2。

表 6-2   MPS、MRD、MPP 指令格式及功能

名称	逻辑功能	可用软元件	程序步
进栈指令 MPS	存储分支点的运算结果	无	1
读栈指令 MRD	读取由 MPS 指令所存储的运算结果	无	1
出栈指令 MPP	读取并清除由 MPS 指令所存储的运算结果	无	1

2. 指令应用举例

堆栈指令程序举例梯形图如图 6-3 所示。

图 6-3   堆栈指令程序举例梯形图

堆栈指令程序举例指令表见表 6-3。

表 6-3   堆栈指令程序举例指令表

步序	操作码	操作数	步序	操作码	操作数	步序	操作码	操作数
0	LD	X001	4	MRD		8	AND	X004
1	MPS		5	AND	X003	9	OUT	Y004
2	AND	X002	6	OUT	Y003	10	END	
3	OUT	Y002	7	MPP				

堆栈指令程序举例时序图如图 6-4 所示。

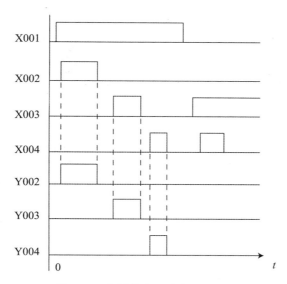

图 6-4 堆栈指令程序举例时序图

当 X001 接通时，程序执行过程如下：

（1）存储 MPS 指令处的运算结果，当 X002 接通时，Y002 输出。

（2）由 MRD 指令读出存储结果，当 X003 接通时，Y003 输出。

（3）由 MPP 指令读出存储结果，当 X004 断开时，Y004 输出，且 MPS 指令存储的结果被清除。

六、项目实施

1. 分析控制要求

按下按钮 SB1，KM1 线圈通电，电动机正转；按下 SB3，电动机停转；按下按钮 SB2，KM2 线圈通电，电动机反转；按下 SB3，电动机停转。

2. 绘制 I/O 分配表

根据上述分析，PLC 需用 3 个输入点和 2 个输出点，具体分配见表 6-4。

表 6-4 I/O 分配表

输入			输出		
元件代号	功能	输入点	元件代号	功能	输出点
SB1	正转起动按钮	X001	L1（KM1）	电动机正转	Y000
SB2	反转起动按钮	X002	L2（KM2）	电动机反转	Y001
SB3	停止按钮	X003			

3. 绘制外部接线电路图

活动 1：根据 I/O 分配，画出本项目的外部接线图，如图 6-5 所示。

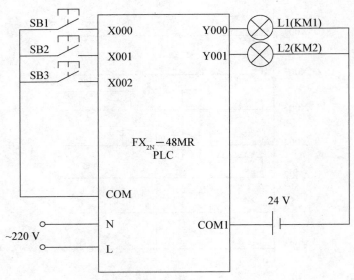

图 6-5　PLC 外部接线图

活动 2：根据外部接线图，安装外部电路。

4．编写系统梯形图，写出指令表

活动 1：根据控制要求，编写梯形图，如图 6-6 所示。

图 6-6　梯形图

活动 2：写出指令表，见表 6-5。

表 6-5　指令表

步序	操作码	操作数	步序	操作码	操作数	步序	操作码	操作数
0	LD	X001	5	OUT	Y000	10	ANI	Y000
1	OR	Y000	6	LD	X002	11	OUT	Y001
2	ANI	X003	7	OR	Y001	12	END	
3	ANI	X002	8	ANI	X003	13		
4	ANI	Y001	9	ANI	X001			

5．输入梯形图程序

活动 1：启动编程软件 GX Developer。

活动 2：创建新工程。

活动 3：输入梯形图程序。

活动 4：转换梯形图程序。

活动 5：保存工程。

活动 6：写入程序。

6. 调试系统

活动 1：通电前进行安全检查。

活动 2：记录调试系统注意事项。

活动 3：根据项目控制要求调试运行程序。

注：通电前进行安全检查，准确无误后才能通电。

七、项目资源

1. 正反转程序编写

正反转程序编写视频

2. 正反转外部接线

正反转外部接线视频

3. 正反转调试

正反转调试视频

八、项目评价

正反转项目评价，见表 6-6。

表 6-6　正反转项目评价表

考核项目	考核内容	配分	评分标准	扣分	得分	备注
学习知识	知识平台的自学情况	15	1. 能理解并说出正反转控制程序的工作原理，5分； 2. 能书写正确的梯形图，5分； 3. 能书写正确的指令表，5分			

续表

考核项目	考核内容	配分	评分标准	扣分	得分	备注
系统安装	1. 会选择设备模块； 2. 按图正确、规范接线	20	1. 设备模块选择错误扣5分； 2. 错、漏线每处扣2分； 3. 接线松动每处扣2分			
编程操作	1. 创建新工程； 2. 正确输入梯形图； 3. 正确保存工程文件	20	1. 不能建立程序新文件或建立错误扣4分； 2. 输入梯形图错误一处扣2分			
运行调试	1. 熟练运行调试系统，发现问题及时解决； 2. 会使用基本指令编程； 3. 通电运行系统，分析运行结果； 4. 会监控梯形图的运行情况	15	1. 不会运行调试程序扣15分； 2. 指令使用错误扣5分； 3. 系统通电操作错误一步扣3分； 4. 分析运行结果错误一处扣2分； 5. 不会监控梯形图扣5分			
团队协作	小组协作	5	1. 团队成员不能很好协作，有人没参与，每人扣1分； 2. 团队出现矛盾冲突，每次扣2分，最多扣5分			
安全生产	自觉遵守安全文明生产规程	10	违反安全操作扣10分			
5S标准	项目实施过程体现5S标准	15	1. 整理不到位扣3分； 2. 整顿不整齐扣3分； 3. 清洁不干净扣3分； 4. 清扫不完全扣3分； 5. 素养不达标扣3分			
时间	3小时		1. 提前正确完成，每提前5分钟加2分； 2. 不能超时			
开始时间：			结束时间：		实际时间：	

九、项目拓展

电动机正反转控制

（1）控制要求：按下按钮SB1，电动机M1正转，按下SB2，电动机M1反转，按下

SB3，电动机停转；按下 SB4，电动机 M2 正转，按下 SB5，电动机 M2 反转，按下 SB6，电动机停转。

（2）按控制要求，完成 I/O 分配。

（3）按控制要求编制梯形图。

（4）上机调试并运行程序。

视野拓展　西门子公司 S7－200 系列 PLC 简介

一、西门子公司 PLC 简介

在国内市场上，西门子（SIEMENS）公司的 PLC 以大、中型机为主。西门子公司早期的产品是 S5 系列，小型机有 S5-95U、S5-100U，中型机有 S5-115U，大型机有 S5-135U、S5-15U。作为 S5 系列的更新换代产品，西门子公司近年又推出了性价比更高的 S7 系列，有 S7-200（小型）、S7-300（中型）和 S7-400（大型），在此仅对 S7-200 系列（如图 6－7 所示）进行简单介绍。

图 6－7　S7－200 系列产品外观图

二、S7－200 系列 PLC 简介

1. S7-200 系列 PLC 的系统组成

S7-200 系列 PLC 由主机（CPU 单元）和各种扩展单元所组成，其他配件包括总线连接器和总线扩展口。

（1）CPU 单元。

S7-200 作为一个产品系列，有多种型号的 CPU 单元，CPU 单元的第一代产品为 CPU21×，有 CPU212、CPU214、CPU215、CPU216 共 4 种型号；近年已更新换代为第二代产品 CPU22×，也有 4 种型号，分别为 CPU221、CPU222、CPU224、CPU226。

1）CPU221：CPU221 单元有 10 点 I/O（6/4），无 I/O 扩展能力；程序存储器容量为 4 KB；还有 4 个独立的 30 kHz 的高速计数器，2 路独立的 20 kHz 高速脉冲输出端；1 个 RS-485 接口；具有 PPI、MPI 通信协议和自由通信方式。该型号适合于 I/O 点数较少的控制系统。

2）CPU222：CPU222 单元有 14 点 I/O（8/6），可以连接 2 个 I/O 扩展单元，最大

I/O点数为 40/32（数字量）或者 8/6（数字量）＋8/2（模拟量）；其他功能与 CPU221 基本相同，适合于 I/O 点数较多的控制系统。

3）CPU224：CPU224 单元有 24 点 I/O（14/10），可连接的 I/O 扩展单元增加至 7 个，最大 I/O 点数为 94/74（数字量）或者 14/10（数字量）＋28/7（模拟量）；程序存储器容量也增加至 8 KB；此外还增加了指令和高速计数器的数量，因此具有较强的控制能力。

4）CPU226：CPU226 单元在 CPU224 的基础上功能又有进一步的提高，主机本身有 40 点 I/O（24/16），可以连接 7 个 I/O 扩展单元，最大 I/O 点数为 128/120（数字量）或 24/16（数字量）＋28/7（模拟量）；增加了通信口的数量，使通信能力大大增强。该型号适合于 I/O 点数较多且控制要求较高的中、小型控制系统。

CPU221、CPU222、CPU224、CPU226 的主要性能见表 6-7。

表 6-7　S-7 200 系列 CPU 22× 主要技术性能

项目	CPU221	CPU222	CPU224	CPU226
程序存储器	4 KB		8 KB	
用户存储器类型	EEPROM			
主机 I/O	6/4	8/6	14/10	24/16
扩展模块数量	无	2	7	
最大数字量 I/O	6/4	40/38	94/74	128/120
最大模拟量 I/O	无	8/2 或 0/4	28/7	
33 MHz 下布尔指令执行速度	0.37 μs/指令			
内部通用继电器	256			
计数器/定时器	256/256			
顺序控制继电器	256			
内置高速计数器	4 个（20 kHz）		6 个（20 kHz）	
模拟量调节电位器	1 个		2 个	
脉冲输出	2（20 kHz，DC）			
硬输入中断	4，输入滤波器			
定时中断	2（1～255 ms）			
通信口数量（RS-485）	1 个		2 个	
支持协议 0 号口 1 号口	PPI、DP/T 自由口 N/A		PPI、DP/T 自由口 （同 0 号口）	
PROFIBUS 点到点	NETR/NETW			

（2）I/O 扩展单元。

当主机（CPU 单元）的 I/O 端口不够用时，与其他系列一样，可扩接 I/O 扩展单元，表 6-8 为各 CPU 单元最大 I/O 配置情况。S7-200 的 I/O 扩展单元有两种，一种是数字量 DO 扩展单元，另一种是模拟量 I/O 扩展单元（即 A/D、D/A 转换单元）。

表 6 - 8 S7 - 200 系列 CPU 最大 I/O 配置表

CPU单元型号	扩展模块型号	数字量点数		模拟量点数	
		I	O	I	O
CPU221	—	6（主机）	4（主机）	—	—
CPU222	EM223DI16/DO16×24VDC 或者 EM223DI16/DO16 × 24VDC/继电器	8（主机）＋32（扩展单元）＝40	6（主机）＋32（扩展单元）＝38	—	—
	EM235AI4/AQ1	8（主机）	6（主机）	8	3
	EM232AQ2	8（主机）	6（主机）	0	4
CPU224	EM223DI16/DO16 × 24VDC/继电器 EM221DI8×24VDC	14（主机）＋64＋16（扩展单元）＝94	10（机）＋64（扩展单元）＝74	—	—
	EM223DI16/DO16×24VDC	14（主机）＋64（扩展单元）＝78	10（机）＋64（扩展单元）＝74	—	—
	EM223DI16/DO16 × 24VDC 继电器 EM22DO8×继电器	14（主机）＋64（扩展单元）＝78	10（机）＋64＋8（扩展单元）＝82	—	—
	EM235AI4AO1	14（主机）	10（主机）	28	7
CPU226	EM223DI16/DO16 × 24VDC/继电器 EM223DI8/DO8×24VDC/继电器	24（主机）＋96＋8（扩展单元）＝128	16（主机）＋96＋8（扩展单元）＝120	—	—
	EM223DI16/DO16×24VDC EM221DI8×24VDC	24（主机）＋96＋8（扩展单元）＝128	16（主机）＋96（扩展单元）＝112	—	—
	EM235AI4AO1	24（主机）	16（主机）	28	7

2. S7-200 系列内部寄存器

（1）内部寄存器简介。

1）数字量输入、输出寄存器 I、Q。

S7-200 的 I、Q 寄存器各有 128 点（0～15，共 16 字节，每字节 8 位，8×16＝128 点）。但实际上每种 CPU 单元的最大 I/O 配置均≤128/128（最大的 CPU226 为 128/120）。最大 I/O 配置主要受到 CPU 单元带扩展单元的最大电流以及 I、Q 寄存器总数的限制，未被使用的 I、Q 寄存器可作为通用辅助寄存器（M）等使用（注意只有整个字寄存器的所有位都未被占用的情况下才能另作他用）。

2）模拟量输入、输出寄存器 AI、AQ。

S7-200 的 AI、AQ 寄存器是按字寻址的，每字 2 字节、16 位，因此字地址编号从 0～30 按偶数编号，如 AIW0、AIW2、AIW4……，AI、AQ 寄存器各有 32 字。同数字量的 I/O 寄存器一样，实际使用的模拟量最大 I/O 点数≤32/32。但是与 I、Q 寄存器不同的是，未被使用的 AI、AQ 寄存器不可以另作他用。

（2）S7-200 系列内部寄存器的配置。

S7-200 系列内部寄存器的配置见表 6 - 9。

表 6-9　S7-200 系列内部寄存器的配置

寄存器名称	CPU 型号				寻址方式			
	CPU221	CPU222	CPU224	CPU226	位	字节	字	双字
输入映像寄存器 I	I0.0～115.7				Ix.y	IBx	IWx	IDx
输出映像寄存器 Q	Q0.0～115.7				Qx.y	QBx	QWx	QDx
模拟量输入 AI	—	AIW0～AIW30			—	—	AIWx	
模拟量输入 AQ	—	AQW0～AQW30			—	—	AQWx	
变量寄存器 V	VB0.0～VB2047.7		VB0.0～VB5119.7		Vx.y	VBx	VWx	VDx
局部辅助寄存器 L	LB0.0～LB63.7				Lx.y	LBx	LWx	LDx
通用辅助寄存器 M	M0.0～M32.7				Mx.y	MBx	MWx	MDx
特殊标志寄存器 SM	SM0.0～SM179.7		SM0.0～SM29.7		SMx.y	SMBx	SMWx	SMDx
定时器 T	T0～T255				Tx	—	Tx	—
计数器 C	C0～C255				Cx	—	Cx	—
高速计数器 HC	HC0、HC3、HC4、HC5		HC0～HC5		—	—	—	HCx
顺序控制继电器 S	S0.0～S31.7				Sx.y	SBx	SWx	SDx
累加器 AC	AC0～AC3				—	ACx	ACx	ACx

项目 7　三相异步电动机 Y-△ 自动切换 PLC 控制

一、学习目标

1. 会应用定时器 T、数据寄存器 D 编写梯形图；
2. 能根据项目的任务要求完成 Y-△ 自动切换电路的编程、调试与质量监控检测。

二、项目任务

　　Y-△ 降压器起动，即起动时绕组为 Y 联结，待转速增加到一定程度时再改为 △ 联结，是以改变电动机绕组接法，来达到降压起动的目的。以 △ 接法起动时，起动电流是直接起动的 1/3。

　　1. 项目描述

　　某额定功率为 30 kW 的罗茨风机，在正常起动时起动电流为额定电流的 7～9 倍，按正常配置的热继电器根本无法起动，而热继电器配太大又无法起到保护电机的作用，因此需要采用 △ 降压器起动。本项目的任务是使用 PLC 控制三相异步电动机实现 Y-△ 自动切换。

　　Y-Δ 自动切换工作状态如图 7-1 所示，合上空气开关，按下起动按钮，三相电动机 Y 起动，起动完成后，自动转化为 Δ 运行；按下停止按钮，三相电动机停止工作。

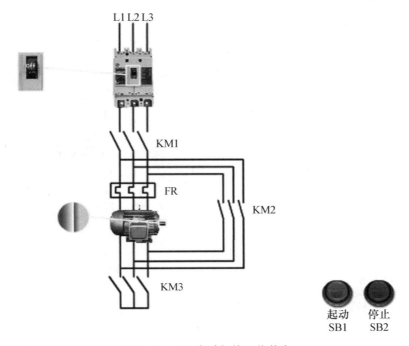

图 7-1　Y-Δ 自动切换工作状态

2. 项目实施流程

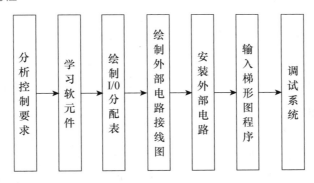

三、项目分析

　　三相异步电动机 Y-Δ 自动切换控制电路如图 7-2 所示。起动时，合上空气断路器 QF，按下按钮 SB1，交流接触器 KM 和 KM_Y 线圈得电，主触点闭合，电动机定子绕组接成 Y 形起动，三相电动机 M 得电运行，同时，时间继电器 KT 开始延时；KT 延时到整定值，KM_Y 线圈失电，KM_Δ 线圈得电，三相电机定子绕组接成 Δ 运行，按下按钮 SB2，KM 和 KM_Δ 线圈失电，主触点断开，电动机失电停转。

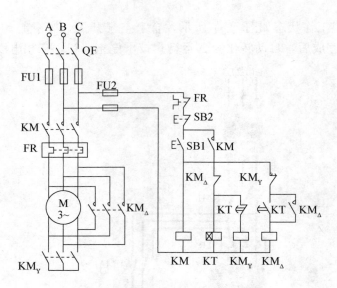

图 7 - 2　Y-Δ 自动切换控制电路

四、项目设备

根据本项目的控制要求，选用学习所需工具、设备，见表 7 - 1。

表 7 - 1　实训器材表

序号	分类	名称	型号规格	数量	单位	备注
1	工具	万用表	MF47	1	只	
2	设备	电源模块	AC 220 V	1	个	
3			DC 24 V	1	个	
4		电脑	HP p6 - 1199cn	1	台	
5		PLC 模块	FX$_{2N}$ - 48MR	1	个	
6		电机控制实验单元模块	SX - 801 - 1	1	个	
7		开关、按钮板	SX - 801B	1	个	
8		连接导线	K2 测试线	若干	条	

五、知识平台

1. 定时器（T）

（1）定时器的功能说明及定时时间。

PLC 中的定时器（T）相当于继电器-接触器控制系统中的通电延时时间继电器，由设定值寄存器、当前值寄存器、动合和动断触点及线圈四部分组成。设定值寄存器用来存放程序中设定的时间预设值，当前值寄存器存放计时的经过值。

定时器的定时时间＝定时单位×预设值

定时单位是一定周期的时间脉冲，定时器的时间脉冲包括 1 ms、10 ms 及 100 ms 3 种类型。1 s＝1 000 ms。

定时器满足计时条件时开始计时，即对时间脉冲开始计数，当前值等于设定值时，定时器的触点动作，动合触点闭合，动断触点断开。

（2）三菱 FX_{2N} 系列 PLC 定时器的分类。

三菱 FX_{2N} 系列 PLC 共有 256 个定时器，采用十进制编号，从 T0～T255，每个定时器的预设值范围是 1～32 767。

三菱 FX_{2N} 系列 PLC 的定时器分为通用型和累积型两种，通用型定时器不具备断电保持功能，当计时条件不满足或断电时，定时器复位，当前值变为 0；累计型定时器具备断电保持功能，当计时条件不满足或断电时，累积型定时器将保持当前值，计时条件再次满足后通电，并继续从保持的当前值开始计时，只有将定时器复位，当前值才变为 0。

定时器可采用十进制常数（K）作为设定值，也可用数据寄存器（D）的值进行间接设定。

定时器的分类见表 7－2。

表 7－2　定时器的分类

	100 ms 通用型	10 ms 通用型	1 ms 累计型	100 ms 累计型
编号	T0～T199 共 200 点	T200～T245 共 46 个点	T246～T249 共 4 个点	T250～T255 共 6 个点
	T192～T199 为子程序和中断服务程序专用		用于执行中断的保持	
定时时间	0.1～3 276.7 s	0.01～327.67 s	0.001～32.767 s	0.1～3 276.7 s

（3）定时器使用说明。

1）通电延时接通程序。

通电延时梯形图及说明如图 7－3 所示。当 X000 为闭合（ON）时，对定时器 T5 的时钟脉冲（100 ms）开始计时，当前值等于设定值 K30 时，T5 的动合触点闭合，Y1 线圈得电。当 X000 断开，定时器 T5 断电，T5 的动合触点断开，Y1 线圈失电。

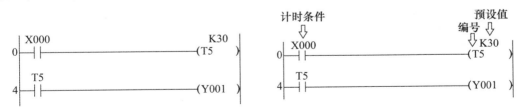

图 7－3　通电延时梯形图及说明

定时时间＝定时单位×预设值
　　　　　＝100 ms×30＝3 000 ms＝3 s

通电延时接通指令表见表 7－3，时序图如图 7－4 所示。

表 7-3　通电延时接通指令表

步序	操作码	操作数
0	LD	X000
1	OUT	T5　K30
4	LD	T5
5	OUT	Y1

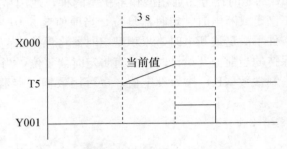

图 7-4　通电延时接通时序图

2）断电延时断开程序。

断电延时梯形图及说明如图 7-5 所示。当 X000 闭合时，Y000 立即接通，并自锁，当 X000 断开时，定时器 T5 开始计时，延时时间为 3 s，当前值达到预设值后，T5 动断触点断开，Y000 断开。

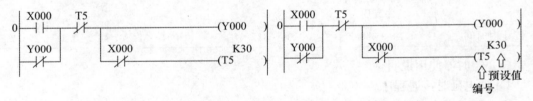

图 7-5　断电延时梯形图及说明

断电延时接通指令表见表 7-4，时序图如图 7-6 所示。

表 7-4　断电延时接通指令表

步序	操作码	操作数
0	LD	X000
1	OR	Y000
2	ANI	T5
3	OUT	Y000
4	ANI	X000
5	OUT	T5　K30

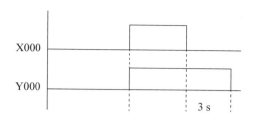

图 7 - 6　断电延时接通时序图

2. 数据寄存器（D）

（1）数据寄存器的功能说明。

数据寄存器用来存放数据和参数，FX 系列 PLC 数据寄存器为 16 位，最高为符号位，可用两个数据寄存器组合存放 32 位数据，最高位仍为符号位。最高位为"0"代表正数，为"1"代表负数，表达 32 位数据时，一般指定存放低 16 位数据寄存器的地址编号，继其之后数据寄存器被高 16 位自动占有。例如，用 D0 表示 32 位数据，则 D0 存放低 16 位数据，D1 存放高 16 位数据。数据寄存器组合使用时，低位的编号一般采用偶数编号。

16 位数据寄存器的数据范围为 $-32\,768 \sim +32\,767$，32 位数据寄存器的数据范围为 $-2\,147\,483\,648 \sim +2\,147\,483\,648$。

（2）数据寄存器的分类。

三菱 FX$_{2N}$ 系列 PLC 数据寄存器分类及编号，见表 7 - 5。

表 7 - 5　FX$_{2N}$ 系列 PLC 数据寄存器分类及编号

	非断电保持型	断电保持型	特殊数据寄存器
编号	D0～D199（200 点）	D200～D511（312 点）	D8000～D8255（256 点）

非断电保持型数据寄存器写入数据后，只要不写入其他数据，其内容就不会改变，但是当 PLC 由 RUN→STOP 或停电时，数据寄存器的内容都被清除为 0；断电保持型数据寄存器写入数据后，只要不改写，无论是 PLC 由 RUN→STOP 或停电时，其内容都可以保持。特殊数据寄存器是写入特定目的的数据或已事先写入特定内容的数据寄存器，用来控制和监视 PLC 内部各种元件和运行方式，在 PLC 上电时全部清 0，再利用系统 ROM 写入初始值，可以使用传输指令改变它们的值，如图 7 - 7 所示。

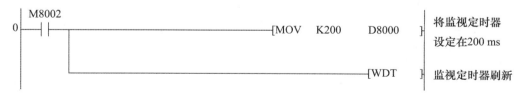

图 7 - 7　特殊寄存器 D8000 写入数据举例

六、项目实施

1. 分析控制要求

（1）三相异步电动机的 Y-△ 自动切换电路如图 7 - 2 所示，该电路使用了 3 个交流接触器，1 个热继电器，2 个按钮开关和 1 个时间继电器。

（2）该电路的起动过程如下：

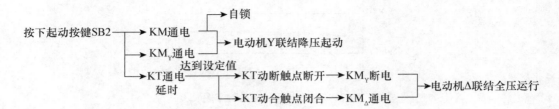

2. 绘制 I/O 分配表

综合上述分析，PLC需用3个输入点和3个输出点，具体分配见表7-6。

表7-6 I/O分配表

输入			输出		
元件代号	功能	输入点	元件代号	功能	输出点
SB1	起动按钮	X000	L1（KM）	主电路电源	Y000
SB2	停止按钮	X001	L2（KM$_Y$）	Y 联结	Y001
			L3（KM$_\triangle$）	△ 联结	Y002

3. 绘制外部接线电路图

活动1：根据I/O分配，画出本项目的外部接线图，如图7-8所示。

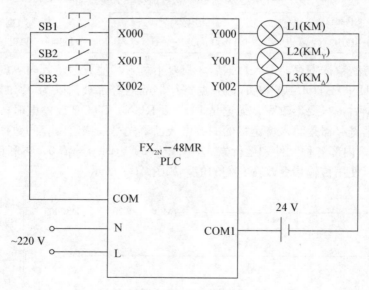

图7-8 PLC外部接线图

活动2：根据外部接线图，安装外部电路。

4. 编写系统梯形图，写出指令表

活动1：编写三相异步电动机 Y-△ 降压起动自动切换控制梯形图，如图7-9所示。

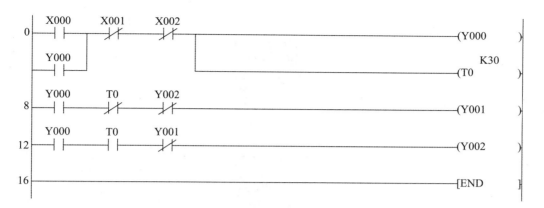

图 7 - 9　梯形图

活动 2：写出指令表，见表 7 - 7。

表 7 - 7　指令表

步序	操作码	操作数	步序	操作码	操作数	步序	操作码	操作数
0	LD	X000	5	OUT	T0 k30	12	LD	Y000
1	OR	Y000	8	LD	Y000	13	AND	T0
2	ANI	X001	9	ANI	T0	14	ANI	Y001
3	ANI	X002	10	ANI	Y002	15	OUT	Y002
4	OUT	Y000	11	OUT	Y001	16	END	

5．输入梯形图程序

活动 1：启动编程软件 GX Developer。

活动 2：创建新工程。

活动 3：输入梯形图程序。

活动 4：转换梯形图程序。

活动 5：保存工程。

活动 6：写入程序。

6．调试系统

活动 1：通电前进行安全检查。

活动 2：记录调试系统注意事项。

活动 3：根据项目控制要求调试运行程序。

注：通电前进行安全检查，准确无误后才能通电。

七、项目资源

1．Y-Δ 程序编写

Y-Δ 程序编写视频

2. Y-Δ 外部接线

Y-Δ 外部接线视频

3. Y-Δ 调试

Y-Δ 调试视频

八、项目评价

三相异步电动机 Y-Δ 自动切换项目评价，见表 7 - 8。

表 7 - 8　三相异步电动机 Y-Δ 自动切换项目评价表

考核项目	考核内容	配分	评分标准	扣分	得分	备注
学习知识	知识平台的自学情况	15	1. 能正确计算定时器的定时时间，5 分； 2. 能在程序中正确应用定时器，5 分； 3. 能简述数据寄存器的功能，5 分			
系统安装	1. 会选择设备模块； 2. 按图正确、规范接线	20	1. 设备模块选择错误扣 5 分； 2. 错、漏线每处扣 2 分； 3. 接线松动每处扣 2 分			
编程操作	1. 创建新工程； 2. 正确输入梯形图； 3. 正确保存工程文件	20	1. 不能建立程序新文件或建立错误扣 4 分； 2. 输入梯形图错误一处扣 2 分			
运行调试	1. 熟练运行调试系统，发现问题及时解决； 2. 能正确使用定时器编程； 3. 通电运行系统，分析运行结果； 4. 会监控梯形图的运行情况	15	1. 不会运行调试程序扣 15 分； 2. 指令使用错误扣 5 分； 3. 系统通电操作错误一步扣 3 分； 4. 分析运行结果错误一处扣 2 分； 5. 不会监控梯形图扣 5 分			

续表

考核项目	考核内容	配分	评分标准	扣分	得分	备注
团队协作	小组协作	5	1. 团队成员不能很好协作，有人没参与，每人扣 1 分； 2. 团队出现矛盾冲突，每次扣 2 分，最多扣 5 分			
安全生产	自觉遵守安全文明生产规程	10	违反安全操作扣 10 分			
5S标准	项目实施过程体现 5S 标准	15	1. 整理不到位扣 3 分； 2. 整顿不整齐扣 3 分； 3. 清洁不干净扣 3 分； 4. 清扫不完全扣 3 分； 5. 素养不达标扣 3 分			
时间	3 小时		1. 提前正确完成，每提前 5 分钟加 2 分； 2. 不能超时			
开始时间：		结束时间：		实际时间：		

九、项目拓展

三相异步电动机 Y-Δ 起动的正反转电动机 PLC 控制

（1）控制要求：按下正向起动按钮，电机以 Y-Δ 方式正向起动，Y 起动 3 s 后转为 Δ 运行；按下反向起动按钮，电机以 Y-Δ 方式反向起动，Y 起动 3 s 后转为 Δ 运行；按下停止按钮，电动机停止运行。

（2）按控制要求，完成 I/O 分配。

（3）按控制要求编制梯形图。

（4）上机调试并运行程序。

视野拓展　PLC 定时器（T）的工作原理及使用注意事项

PLC 中的定时器相当于继电器系统中的时间继电器。它有一个设定值寄存器（一个字长）、一个当前值寄存器（一个字长）和一个用来存储其输出触点状态的映像寄存器（占二进制的一位），这 3 个存储单元使用同一个元件号。

常数 K 可以作为定时器的设定值，也可以用数据寄存器（D）的内容来设置定时器。例如外部数字开关输入的数据可以存入数据寄存器，作为定时器的设定值。通常使用有电池后备的数据寄存器，这样在断电时不会丢失数据。

FX 系列 PLC 的定时器分为通用型定时器和积算型定时器。

一、通用型定时器 T0～T245

通用型定时器又称为非积算型定时器或常规定时器，根据时钟脉冲不同又可以分为 100 ms 定时器和 10 ms 定时器，其区分由定时器编号来决定，见表 7-9。

表 7-9　通用型定时器

定时单位	定时器	定时时间范围
100 ms	T0～T199，200 点	0.1～3 276.7 s
10 ms	T200～T245，46 点	0.01～327.67 s

当驱动定时器的线圈时，就是对时钟脉冲进行计数；当前值等于设定值时，定时器的触点就动作，根据计时器工作原理，预设值＝定时时间/定时单位，例如采用 T0 定时器定时 5 s，5 s＝5 000 ms，根据上表可知，T0 的定时单位为 100 ms，所以设定值为 5 000/100＝50。

定时器的定时时间＝定时单位×预设值

（T2　K20）T2 定时单位为 100 ms，预设值 K 为 20，因此，定时时间：20×100 ms＝2 000 ms＝2 s

（T200　K20）T200 定时单位为 10 ms，预设值 K 为 20，因此，定时时间：20×10 ms＝200 ms＝0.2 s

通用型定时器工作过程举例如图 7-10 所示。

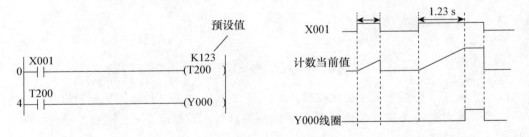

图 7-10　通用型定时器工作过程举例

当定时器 T200 的线圈输入驱动 X001 为 ON 时，就对 T200 的时钟脉冲（10 ms）进行计数；当前值等于设定值 K123 时，T200 的动合触点闭合，Y000 线圈得电；当 X001 断开或停电时，定时器 T200 被复位，定时器当前值清 0，同时触点状态被复位。

二、积算型定时器 T246～T255

积算型定时器又称断电保持型定时器，它和通用型定时器的区别在于积算型定时器在定时过程中，如果驱动条件不成立或停电引起计时停止，积算型定时器能保持计时当前值，等到驱动条件成立或复电后，计时会在原计时基础上继续进行，当积累时间到达设定值时，定时器触点动作。

积算型定时器根据时钟脉冲不同分为 1 ms 定时器和 100 ms 定时器，见表 7-10。

表 7-10　积算型定时器

定时器		定时时间范围
1 ms	T246～T249, 4 点	0.001～32.767 s
100 ms	T250～T255, 6 点	0.1～3 276.7 s

积算型定时器工作过程举例如图 7-11 所示。

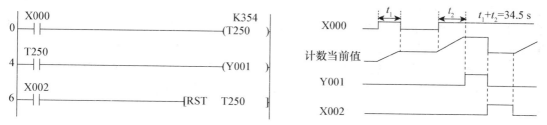

图 7-11　积算型定时器工作过程举例

当定时器 T250 的线圈输入驱动 X000 为 ON 时，就对 T250 的时钟脉冲（100 ms）进行计数；当前值等于设定值 K345 时，T250 的动合触点闭合，Y001 线圈得电，当 X002 为 ON 时，定时器 T250 被复位，定时器当前值被清 0，同时触点状态被复位。在运行过程中，即使 X000 断开或者停电，定时器的当前值仍保持，条件成立，从保持值继续计数。

三、使用注意事项

（1）通用型定时器可以通过输入条件断开、断电及 RST 指令进行复位，积算型定时器只能采用 RST 指令进行复位。

（2）定时器的设定值可由常数（K/H）指定或数据寄存器（D）间接指定，采用数据寄存器间接指定时，要预先给数据寄存器传送数据，如图 7-12 所示。

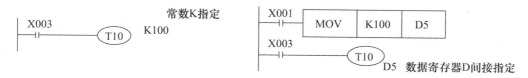

图 7-12　定时器的设定值指定

（3）定时器的当前值可以作为数值数据使用，当定时器当前值寄存器替代数据寄存器使用时，符号位才有效。

（4）子程序定时器（T192～T199）是一种特殊的通用定时器。子程序定时器在执行线圈指令或 END 指令时计时，达到设定值，则在执行线圈指令或 END 指令时输出触点动作。一般定时器只在执行线圈指令时动作，所以在某种特别条件下，才执行线圈指令的子程序或者中断子程序，如果使用了一般定时器，输出触点就不能正常动作。

（5）中断执行型定时器（T246～T249）是一种特殊的积算型定时器，执行线圈指令后，以中断方式对 1 ms 时钟脉冲进行计数。

（6）在线圈得电后，除子程序定时器外的其他定时器开始计时，到达设定值后，在最初执行线圈指令处输出触点动作。编程时，定时器触点编写在线圈指令之前，在最坏的情况下，定时器触点动作误差为两个扫描周期；如果定时器的设定值为 0，则在下一个扫描周期执行线圈指令时触点动作。

四、定时器时间控制程序

FX 系列 PLC 的定时器为接通延时定时器，即定时器线圈通电后开始计时，待定时时间到，定时器的动合触点闭合，动断触点断开；对于非断电保持型，当定时器线圈断电时，定时器立即自动复位；对于断电保持型，必须用复位指令才可以复位。利用定时器可以设计出各种各样的时间控制程序，其中有通电延时接通、断电延时接通、通电延时断开及断电延时断开等控制程序。

1. 通电延时接通

通电延时接通控制程序如图 7 - 13 所示。当 X000 动合触点闭合时，辅助继电器 M0 接通并自锁，由于 M0 线圈通电，M0 动合触点闭合，接通定时器 T0 开始计时，延时 6 s，T0 的动合触点闭合，输出继电器 Y00 通电；当 X001 动断触点断开时，M0 线圈断电，M0 动合触点断开，T0 复位，Y000 断电。相关时序图如图 7 - 14 所示。

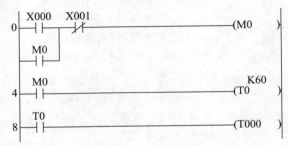

图 7 - 13　通电延时接通控制程序

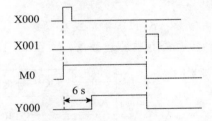

图 7 - 14　通电延时接通时序图

2. 通电延时断开

通电延时断开控制程序如图 7 - 15 所示。当 X000 动合触点闭合时，辅助继电器 M0 接通并自锁，由于 M0 线圈通电，M0 动合触点闭合，输出继电器 Y000 通电，同时定时器 T0 开始计时，延时 6 s，T0 的动断触点断开，Y000 断电；当 X001 动断触点断开时，M0 线圈断电，M0 动合触点断开，T0 复位。相关时序图如图 7 - 16 所示。

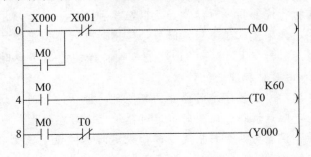

图 7 - 15　通电延时断开控制程序

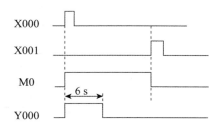

图 7-16　通电延时断开时序图

通过通电延时断开控制程序可以实现定时运行控制，如图 7-17 所示。当 X000 动合触点闭合时，输出继电器 Y000 接通并自锁：由于 Y000 线圈通电，Y000 动合触点闭合，接通定时器 T0 开始计时，延时 6 s，T0 的动断触点断开，Y000 断电，Y000 动合触点断开，T0 复位。

```
       X000      T0
0    ──┤├──────┤/├────────────────────────────(Y000    )
       Y000
     ──┤├──

       Y000                                      K60
4    ──┤├───────────────────────────────────────(T0     )
```

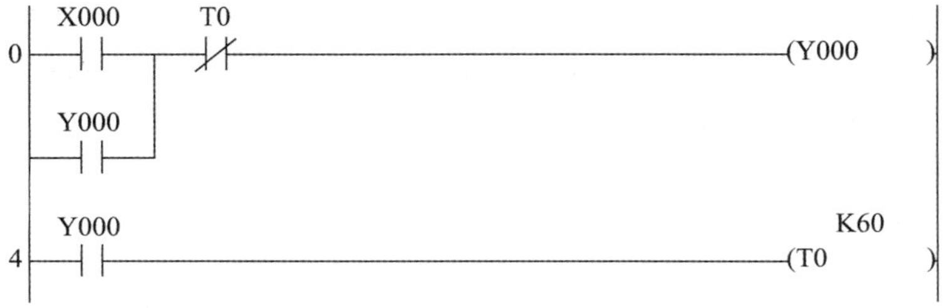

图 7-17　定时运行控制

3. 断电延时接通

断电延时接通控制程序如图 7-18 所示。当 X000 动合触点闭合时，辅助继电器 M0 接通并自锁，M0 线圈通电，M0 动合触点闭合，辅助继电器 M1 接通并自锁，M1 线圈通电，M1 动合触点闭合；当 X001 动断触点断开时，M0 线圈断电，M0 动断触点闭合，这时接通定时器 T0 开始计时，延时 6 s，T0 动合触点闭合，输出继电器 Y000 接通并自锁，T0 动断触点断开，M1 断电，M0 动合触点断开，T0 复位；当 X002 动断触点断开时，Y000 断电。相关时序图如图 7-19 所示。

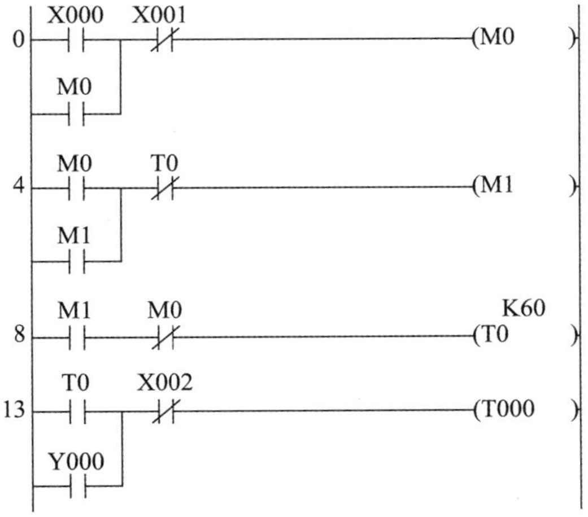

```
       X000    X001
0    ──┤├──────┤/├────────────────────────────(M0     )
       M0
     ──┤├──

       M0      T0
4    ──┤├──────┤/├────────────────────────────(M1     )
       M1
     ──┤├──

       M1      M0                                K60
8    ──┤├──────┤/├────────────────────────────(T0     )

       T0      X002
13   ──┤├──────┤/├────────────────────────────(T000   )
       Y000
     ──┤├──
```

图 7-18　断电延时接通控制程序

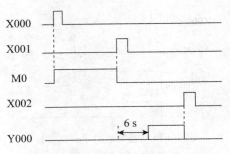

图 7 - 19　断电延时接通时序图

4．断电延时断开

断电延时断开控制程序如图 7 - 20 所示。当 X000 动合触点闭合时，辅助继电器 M0 接通并自锁，M0 线圈通电，M0 动合触点闭合，输出继电器 Y000 接通并自锁，Y000 线圈通电，Y000 动合触点闭合；当 X001 动断触点断开时，M0 线圈断电，M0 动断触点闭合，这时接通定时器 T0 开始计时，延时 6 s，T0 的动断触点断开，Y000 断电，Y000 动合触点断开，T0 复位，相关时序图如图 7 - 21 所示。

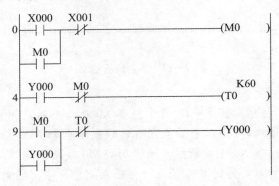

图 7 - 20　断电延时断开控制程序

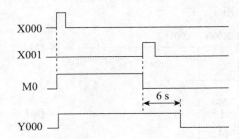

图 7 - 21　断电延时断开时序图

5．长时间控制

FX 系列 PLC 定时器最长的定时时间为 3 276.78 s，如果设定的时间超过这个数值，则要采用长时间控制程序。

（1）定时器的串联。

多个定时器串联实现长时间控制，总的设定时间是各定时器的定时时间之和。定时器串联长时间控制程序如图 7 - 22 所示。当 X000 动合触点闭合时，辅助继电器 M0 接通并自锁，M0 线圈通电，M0 动合触点闭合，定时器 T0 开始计时，延时 1 800 s，T0 动合触点闭合，定时器 T1 开始计时，延时 1 800 s，T1 动合触点闭合，定时器 T2 开始计时，延时 1 800 s，T2 动合触点闭合，输出继电器 Y000 通电。这样从 X000 动合触点闭合到 Y000 通电，其延时时间为 1 800＋1 800＋1 800＝5 400 s。当 X001 动断触点断开时，M0 线圈断电，M0 动合触点断开，T0、T1 及 T2 复位，Y000 断电。

图 7 - 22　定时器串联长时间控制程序

（2）定时器与计数器组合。

定时器与计数器组合实现长时间控制，总的设定时间是定时器的定时时间与计数器设定值的乘积。定时器与计数器组合长时间控制程序如图 7 - 23 所示，当 X000 动合触点闭合时，辅助继电器 M0 接通并自锁，M0 线圈通电，M0 动合触点闭合，定时器 T0 开始计时，延时 1 800 s，T0 动合触点闭合，计数器 C0 计数 1 次，同时 T0 动断触点断开，定时器 T0 复位，然后定时器 T0 重新开始计时，如此循环。当计数器 C0 计数累计到设定值 K3 时，C0 动合触点闭合，Y000 线圈通电，Y000 动断触点断开，M0 断电。这样，从 X000 动合触点闭合到 Y000 通电，其延时时间为 1 800×3＝54 00 s，当 X001 动合触点闭合时，复位 C0。

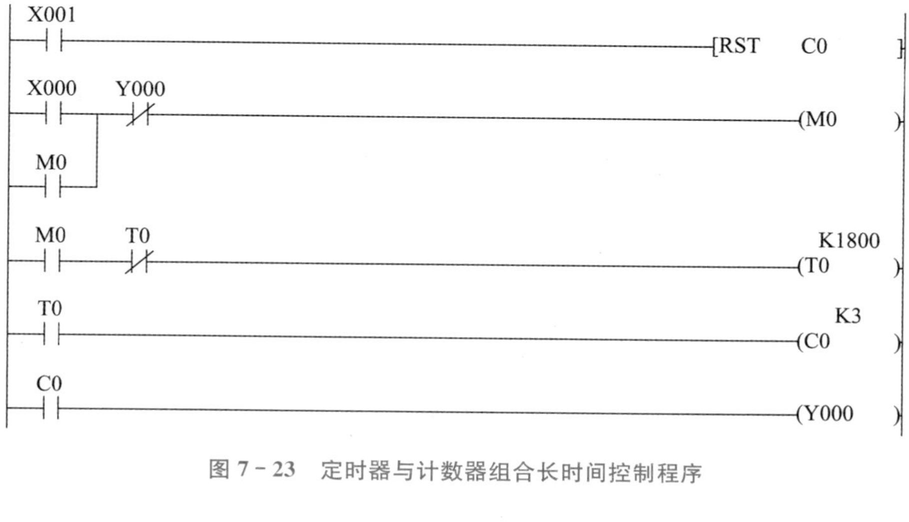

图 7 - 23　定时器与计数器组合长时间控制程序

模块 3

生活应用系统

项目 8　天塔之光 PLC 控制

一、学习目标

1. 能熟练使用主控指令 MC、主控复位指令 MCR 和计数器 C 编程；
2. 会分析天塔之光控制过程及要求，能根据项目任务使用步进指令的并行性顺序控制编写程序；
3. 完成天塔之光控制系统的编程与调试并完成质量监控检测。

二、项目任务

本项目的任务是安装与调试天塔之光 PLC 控制系统。天塔之光系统由 9 盏灯组成，如图 8-1 所示，彩灯将以预先设定的方式进行闪烁。

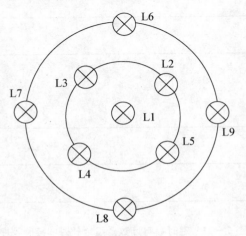

图 8-1　天塔之光示意图

1. 项目描述

（1）天塔之光。

某电视台进行天塔灯光改造，要用 PLC 进行灯光控制，需要工程师进行设计调试。天塔之光功能要求如下：

1）按下 SB1 按钮后，首先是 L1 亮（其他灯都不亮）；1 s 后 L1 灭，L2、L3、L4、L5 这 4 个小圈中的灯亮；再隔 1 s，L2、L3、L4、L5 灭，大圈中的 L6、L7、L8、L9 亮；1 s 后全灭，全灭 1 s 后 L1 再亮，开始下一轮循环，即 9 盏彩灯按"花开"方式循环点亮。

2）按下 SB2 按钮，所有灯灭。

（2）天塔之光运行效果可参考视频。

天塔之光运行效果视频

2. 项目流程图

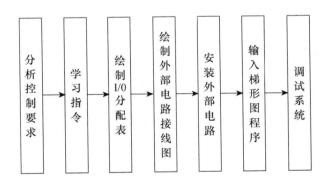

三、项目分析

该项目需要两个按钮控制系统的起动和停止，可用主控指令 MC 和主控复位指令 MCR 来实现。

项目的控制要求是 9 盏灯按照"花开"方式从内往外循环点亮，时间间隔是 1 s，这里可以应用定时器控制：程序开始之后首先点亮 L1 灯，然后 T0 计时 1 s，用 T0 动合触点点亮小圈中的灯，再用 T1 计时 1 s，用 T1 动合触点点亮大圈中的灯，最后用定时器 T2 计时 1 s，用 T2 动合触点点亮 L1 灯，这样就构建了天塔灯光的周期循环。

天塔之光控制示意图如图 8-2 所示。

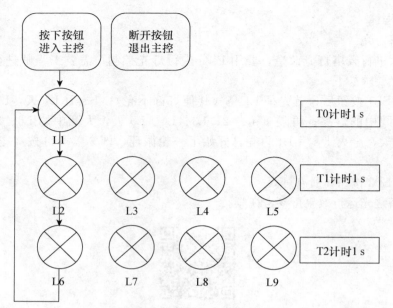

图 8 - 2　天塔之光控制示意图

四、项目设备

根据本项目的控制要求，选用学习所需工具、设备见表 8 - 1。

表 8 - 1　实训器材表

序号	分类	名称	型号规格	数量	单位	备注
1	工具	万用表	MF47	1	只	
2	设备	电源模块	AC 220 V	1	个	
			DC 24 V	1	个	
3		电脑	HP p6 - 1199cn	1	台	
4		PLC 模块	FX$_{2N}$ - 48MR	1	个	
5		天塔之光实验单元模块	SX - 801 - 2	1	个	
6		开关、按钮板	SX - 801B	1	个	
7		连接导线	K2 测试线	若干	条	

五、知识平台

1. 主控指令 MC 和 MCR

主控指令 MC 和 MCR 具体功能见表 8 - 2。

表 8 - 2　主控指令 MC 和 MCR

助记符、名称	功能	回路表示和可用元件	程序步数
MC　主控	公共串联触点的连接	MC N YM；M除特殊辅助继电器以外	3
MCR　主控复位	公共串联触点的清除	MCR N	2

指令解说：

（1）如果 MC 指令的输入触点闭合，就执行从 MC 到 MCR 的指令。如果 MC 指令的输入触点断开，则要注意：

保持现状：累计定时器、计数器、用置位/复位指令驱动的软元件。

变为断开的软元件：非累计定时器、计数器、用 OUT 指令驱动的软元件。

（2）执行 MC 指令后，母线（LD、LDI）向 MC 触点后移动，将其返回到原母线的指令为 MCR。

（3）通过更改软元件号 Y、M，可多次使用主控指令（MC），如果使用同一软元件号，将同 OUT 指令一样，出现双线圈输出。

（4）在 MC 指令内采用 MC 指令时，嵌套级 N 的编号按照顺序增大：N0→N1→N2→N3→N4→N5→N6→N7。在将该指令返回时，采用 MCR 指令，则从大的嵌套级开始消除：N7→N6→N5→N4→N3→N2→N1→N0。

（5）例如，MCR N6、MCR N7 不编程时，若对 MCR N5 编程，则嵌套级一下子回到 N5。

（6）嵌套级最大可编写 8 级（N7）。

2. 计数器（C）

计数器按不同的用途和目的可分为以下种类：

（1）内部计数器，一般使用/停电保持用。

16 位计数器：供增计数使用，计数范围 1～32 767。

32 位计数器：供增/减计数用，计数范围－2 147 483 648～＋2 147 483 647。

这些计数器供 PLC 内部信号使用，其响应速度通常为 10 Hz 以下。

（2）高速计数器，供停电保持用。

32 位计数器：供增/减计数用，计数范围－2 147 483 648～＋2 147 483 647，有单相单计数、单相双计数、双向双计数，分配给特定的输入继电器。

高速计数器可进行数千赫的计数，而与 PLC 的扫描无关。

计数器编号见表 8-3。

表 8-3　计数器编号

计数器 C	16 位增计数器		32 位可逆计数器		32 位高速可逆计数器（最大 6 点）		
	C0～C99 100 点 一般用	C100～C199 100 点 保持用	C200～C219 20 点 一般用	C220～C234 15 点 保持用	C235～C245 1 相 1 输入	C246～C250 1 相 2 输入	C251～C255 2 相 2 输入

六、项目实施

1. 根据设备情况，分析控制要求

输入部分：一个起动按钮，一个停止按钮。输出部分：9 盏天塔灯。

2. 绘制 I/O 分配表

综合上述分析，PLC 需用 2 个输入点和 9 个输出点，具体分配见表 8-4。

表 8 - 4　I/O 分配表

输入			输出		
设备名称	软元件编号	说明	设备名称	软元件编号	说明
SB1	起动按钮	X000	L1	天塔灯 1	Y000
			L2	天塔灯 2	Y001
			L3	天塔灯 3	Y002
SB2	停止按钮	X001	L4	天塔灯 4	Y003
			L5	天塔灯 5	Y004
			L6	天塔灯 6	Y005
			L7	天塔灯 7	Y006
			L8	天塔灯 8	Y007
			L9	天塔灯 9	Y010

3. 绘制外部接线图

活动 1：根据 I/O 分配，画出本项目的外部接线图，如图 8 - 3 所示。

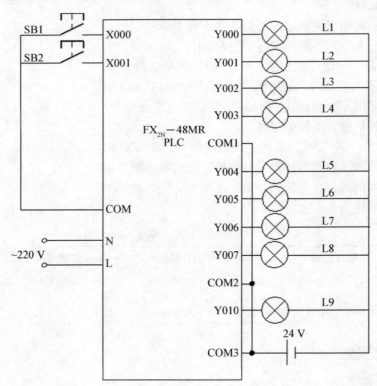

图 8 - 3　PLC 外部接线图

活动 2：根据外部接线图完成接线。

4. 编写系统梯形图，写出指令表

活动 1：根据天塔之光控制要求，画出对应的梯形图，如图 8 - 4 所示。

```
        X000    X001                                            (M0      )
  0 ─────┤├──────┤/├─────────────────────────────────────────────────────
       起动按钮  停止按钮                                        起停控制

        M0
     ───┤├────
       起停控制


 *主控指令位置
        M0                                             [MC    N0   M100  ]
  4 ─────┤├────────────────────────────────────────────────────────
                                                              主控指令
                                                              置位


 NO  M100
     主控指令
     置位


 *进入循环
 *循环控制
        M100   Y001                                           (Y000    )
  8 ─────┤├─────┤/├──────┬──────────────────────────────────────────
       主控指令 小圈灯    │                                    中心灯
       置位             │
                        │                                      K10
        Y000            │                                     (T0      )
     ───┤├──────────────┘                                    延时1 s


        T2
     ───┤├────
      延时1 s，循环
      信号


        T0     Y005                                           (Y001    )
 17 ─────┤├─────┤/├──────┬──────────────────────────────────────────
      延时1 s  大圈灯    │                                    小圈灯
                        │
        Y001            │                                     (Y002    )
     ───┤├──────────────┘                                    小圈灯
       小圈灯
```

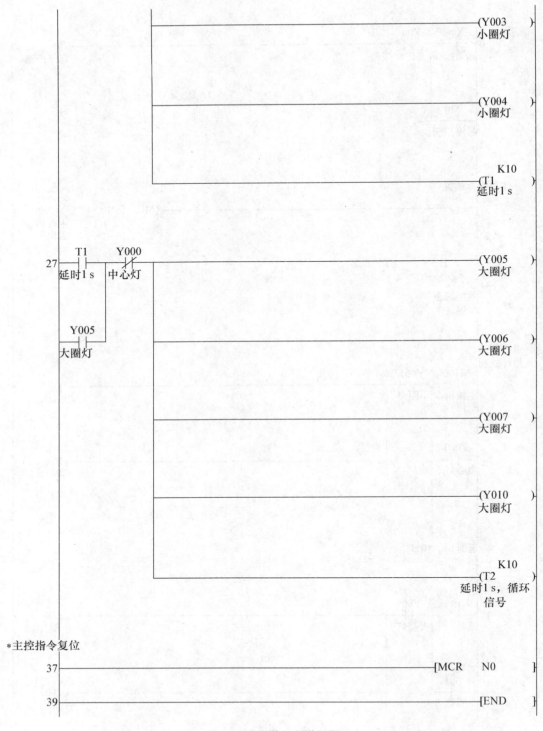

图 8－4　天塔之光梯形图

活动 2：会分析天塔之光控制过程及要求，能根据项目任务使用主控指令编写程序。

活动 3：写出天塔之光指令表，见表 8－5。

表 8 – 5　天塔之光指令表

步序	操作码	操作数	步序	操作码	操作数
0	LD	X000	20	OUT	Y001
1	OR	M0	21	OUT	Y002
2	ANI	X001	22	OUT	Y003
3	OUT	M0	23	OUT	Y004
4	LD	M0	24	OUT	T1 K10
5	MC	N0	27	LD	T1
8	LDP	M100	28	OR	Y005
10	OR	Y000	29	ANI	Y000
11	OR	T2	30	OUT	Y005
12	ANI	Y001	31	OUT	Y006
13	OUT	Y000	32	OUT	Y007
14	OUT	T0 K10	33	OUT	Y010
17	LD	T000	34	OUT	T2 K10
18	OR	Y001	37	MCR	N0
19	ANI	Y005	39	END	

5．输入梯形图

活动 1：启动编程软件 GX Developer。

活动 2：创建新工程。

活动 3：输入梯形图程序。

活动 4：转换梯形图程序。

活动 5：保存工程。

活动 6：写入程序。

6．调试

活动 1：记录调试系统注意事项。

活动 2：根据项目控制要求调试运行程序。

活动 3：通电前进行安全检查。

活动 4：准确无误后才能通电。

活动 5：调试效果与项目控制要求一致。

七、项目资源

1．天塔之光程序编写

天塔之光程序编写视频

2. 天塔之光外部接线

天塔之光外部接线视频

3. 天塔之光调试

天塔之光调试视频

八、项目评价

天塔之光项目评价，见表 8 - 6。

表 8 - 6 天塔之光项目评价表

考核项目	考核内容	配分	评分标准	扣分	得分	备注
学习知识	1. 阅读学习知识； 2. 会使用知识来指导项目的实施	15	1. 能熟练使用指令 MC、MCR 及计数器 C，5 分； 2. 会分析天塔之光控制系统原理，5 分； 3. 能编写程序，5 分			
系统安装	1. 会选择模块； 2. 按图完整、正确及规范接线	20	1. 模块选择错误扣 5 分； 2. 错、漏线每处扣 2 分； 3. 接线松动每处扣 2 分			
编程操作	1. 会建立程序新文件； 2. 正确输入梯形图； 3. 正确保存文件	20	1. 不能建立程序新文件或建立错误扣 4 分； 2. 输入梯形图错误一处扣 2 分			
运行操作	1. 会使用 MC 与 MCR 指令； 2. 操作运行系统，分析运行结果； 3. 会监控梯形图	15	1. 指令使用错误扣 5 分； 2. 系统通电操作错误一步扣 3 分； 3. 分析运行结果错误一处扣 2 分； 4. 监控梯形图错误一处扣 2 分			
能力测试	1. 浏览微课，在做中学； 2. 上传项目实施的图片、视频	5	正确完成测试内容，最多扣 5 分			

续表

考核项目	考核内容	配分	评分标准	扣分	得分	备注
团队协作	小组协作	5	1. 团队成员不能很好配合，有人没参与，每人扣1分； 2. 团队出现矛盾冲突，每次扣2分，最多扣5分			
安全生产	自觉遵守安全文明生产规程	10	1. 每违反一项规定，扣3分； 2. 发生短路，0分处理			
5S标准	项目实施过程体现5S标准	10	1. 整理不到位扣2分； 2. 整顿不整齐扣2分； 3. 清洁不干净扣2分； 4. 清扫不完全扣2分； 5. 素养不达标扣2分			
时间	3小时		1. 提前正确完成，每5分钟加2分； 2. 超过定额时间，每5分钟扣2分			

开始时间：　　　　　结束时间：　　　　　实际时间：

九、项目拓展

天塔之光 PLC 控制（螺旋方式）

（1）控制要求：按下起动按钮，彩灯以螺旋方式闪烁，即灯由L1到L9依次点亮，然后循环；按下停止按钮，彩灯停止。

（2）按控制要求，完成I/O分配。

（3）按控制要求编制梯形图。

（4）上机调试并运行程序。

项目9　四组抢答器 PLC 控制

一、学习目标

1. 会应用PLF、PLS指令编写梯形图；
2. 了解常用特殊辅助寄存器的功能，并能使用其编写程序；
3. 了解七段数码管的结构及显示原理；
4. 能根据项目的任务要求，完成四组抢答器的编程、调试与质量监控检测。

二、项目任务

在知识竞答节目中经常会出现这样的情形：主持人念完题宣布开始后，选手按下抢答键，数码管显示最先按下抢答键的那一组组号，这个组获得答题机会。这就是抢答器的简单应用。本项目的任务是设计一个四组抢答器，通过编程、调试实现抢答及显示功能。

1. 项目描述

某电视台举办知识抢答赛，主持人桌面有开始抢答键、复位键和停止键，参赛的选手共有四组，各有一个抢答键，同时有一个七段数码管显示抢答成功的组号，有一个蜂鸣器提醒超时和违规。请根据要求为这个抢答赛设计一个四组抢答器。具体控制要求如下：

（1）主持人按下开始抢答键，10 s 内各组选手按下抢答键开始抢答，数码管显示最先按下抢答键的那一组组号，这个组获得答题资格。

（2）若主持人按下开始抢答键 10 s 内无人抢答，蜂鸣器响 3 s，该题作废。

（3）主持人按下复位键，抢答器恢复原始状态，显示数字 0。

（4）主持人按下停止键，数码管熄灭。

2. 项目实施流程

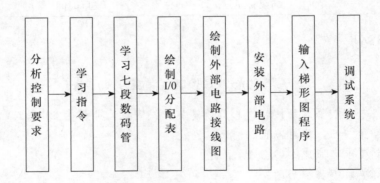

三、项目分析

抢答器工作状态如图 9 - 1 所示。合上空气断路器 QF，主持人按下开始抢答键 RUN（SB5），四组抢答器开始运行。四组抢答器的抢答键分别是 SB1、SB2、SB3、SB4，10 s 内各组选手按下抢答键开始抢答，数码显示管显示最先按下抢答键的那一组组号。即，若 SB1 首先被按下，数码管显示数字 1；若 SB2 首先被按下，数码管显示数字 2；若 SB3 首先被按下，数码管显示数字 3；若 SB4 首先被按下，数码管显示数字 4。若开始抢答键按下 10 s 内无人抢答，蜂鸣器 Y0 响 3 s，该题作废；主持人按下复位键 RST，抢答器恢复原始状态，显示数字 0，主持人按下停止键 STOP（SB6），抢答赛结束，数码管熄灭。

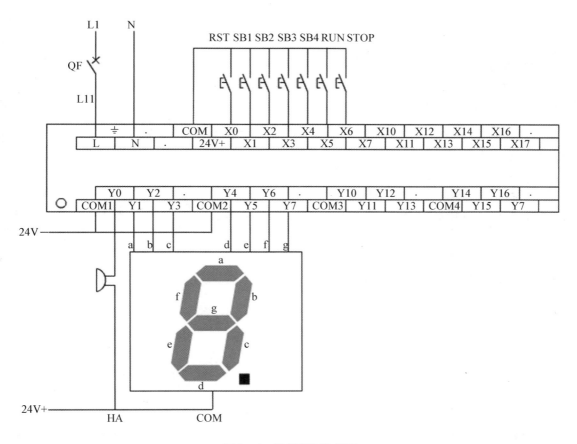

图 9 - 1　抢答器工作状态

四、项目设备

根据本项目的控制要求，选用学习所需工具、设备，见表 9 - 1。

表 9 - 1　实训器材表

序号	分类	名称	型号规格	数量	单位	备注
1	工具	万用表	MF47	1	只	
2	设备	电源模块	AC 220 V	1	个	
			DC 24 V	1	个	
3		电脑	HP p6 - 1199cn	1	台	
4		PLC 模块	FX$_{2N}$ - 48MR	1	个	
5		抢答器单元模块	SX - 801 - 2	1	个	
6		开关、按钮板	SX - 801B	1	个	
7		连接导线	K2 测试线	若干	条	

五、知识平台

1. 微分指令（PLS、PLF）

（1）格式及功能说明。

PLS、PLF指令格式及功能见表9-2。

表9-2 PLS、PLF指令格式及功能

名称	逻辑功能	可用软元件	程序步
上升沿微分指令PLS	检测到输入触发信号的上升沿时，指定继电器通一个扫描周期，然后复位	Y、M（特殊M除外）	2
下降沿微分指令PLF	检测到输入触发信号的下降沿时，指定继电器通一个扫描周期，然后复位	Y、M（特殊M除外）	2

（2）程序举例及使用说明。

微分指令程序举例如图9-2所示。

```
     X000
0    ┤├                                    [PLS    Y000    ]

     X001
3    ┤├                                    [PLF    Y001    ]
```

图9-2 微分指令程序

检测到X000的上升沿时，Y000接通一个扫描周期，然后复位；检测到X001的下降沿时，Y001接通一个扫描周期，然后复位。指令表见表9-3，时序图如图9-3所示。

表9-3 指令表

步序	操作码	操作数
0	LD	X000
1	PLS	Y000
3	LD	X001
4	PLF	Y001

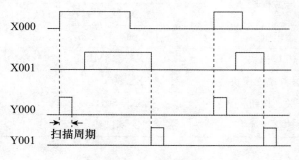

图9-3 时序图

2. 辅助继电器

PLC 内有很多辅助继电器，它们不能接收输入信号，也不能驱动外部负载，是由程序控制的一类元件，相当于物理中间继电器，用于状态暂存、中间过渡及移位等运算，在程序中起信号传递和逻辑控制作用。

（1）辅助继电器的分类。

辅助继电器的分类见表 9-4。

表 9-4　辅助继电器的分类

非断电保持型辅助继电器	断电保持型辅助继电器	特殊辅助继电器
M0～M499 500 点	M500～M1023 524 点	M8000～M8255 256 点

（2）功能及使用说明。

PLC 运行过程中停电时，所有的输出继电器（Y）都会断开；当再次上电时，除输入条件为 ON 外，输出继电器仍然为断开状态。有些控制系统需要记忆断电前的状态，当再次上电时，能够从断电前的状态继续运行，这种情况可以使用断电保持型辅助继电器。如图 9-4 所示，当 X000 动合触点闭合时，M600 线圈得电并保持，M600 动合触点闭合，Y000 的线圈得电，这时突然停电。当再次上电时，即使 X000 断开，由于 M600 为断电保持型辅助继电器，M600 动合触点仍然闭合，Y000 的线圈仍然得电。

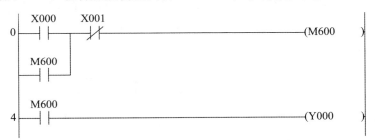

图 9-4　断电保持型辅助继电器的应用

（3）特殊辅助继电器。

PLC 内部的特殊辅助继电器共 256 个，它们各有其特殊的功能，通常分为触点利用型和线圈驱动型两类。常用的特殊辅助继电器的功能在项目一已经说明，这里不再重复。

3. 七段数码管

（1）LED 数码管的结构及引脚。

LED 数码管是一种常见的数字显示器件，以发光二极管为发光单元。七段数码管由 8 个发光二极管组成，其中，7 个长条形发光二极管按 a、b、c、d、e、f、g 顺序组成"8"字形，在器件的右下方有一个"."形的发光二极管 dp，用来显示小数点。通过 8 个发光二极管的不同组合，可以显示 0～9、A～F 等数字和字符。LED 数码管实物和引脚图如图 9-5 所示。

图 9 - 5　LED 数码管实物和引脚图

单个数码管共有 10 个引脚，其中 8 个为段引脚，2 个（引脚 3、引脚 8）为数码管的公共端。

（2）LED 数码管的连接方式。

数码管按内部连接方式可以分为共阴极和共阳极两种。

共阴极数码管的内部结构如图 9 - 6 所示，把发光二极管的阴极连在一起构成公共端，使用时公共端接地。当需要点亮数码段时，就在对应数码段的发光二极管阳极输入高电平；不需要点亮的数码段，则在对应数码段的发光二极管阳极输入低电平。

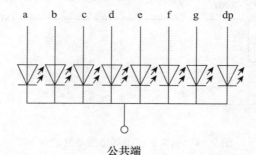

图 9 - 6　共阴极数码管内部结构

共阳极数码管的内部结构如图 9 - 7 所示，把发光二极管的阳极连在一起构成公共端，使用时公共端接高电平。当需要点亮数码段时，就在对应数码段的发光二极管阴极输入低电平；不需要点亮的数码段，则在对应数码段的发光二极管阴极输入高电平。

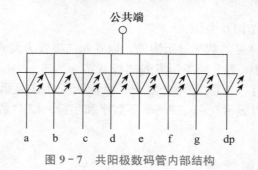

图 9 - 7　共阳极数码管内部结构

（3）LED 数码管的显示原理。

从 LED 数码管的结构可以看出，点亮不同段的发光二极管就可以构成不同的字符，例如，当 b、c 段被点亮时，显示数字"1"；当 a、b、c 段被点亮时，显示数字"7"；当 a～g 全部被点亮时，显示数字"8"。

连接电路时，将 PLC 的 8 个输出继电器分别与 LED 数码管的 8 个数码段引脚对应相连（如 Y0～Y7 对应连接 a～g 8 个数码段）。当 PLC 的这 8 个输出为 ON 状态时，就可以驱动数码管的不同段发光，从而显示不同的数字。具体见表 9－5。

表 9－5　共阴极数码管显示字符与 PLC 输出点对应表

字形	dp	g	f	e	d	c	b	a
	Y007	Y006	Y005	Y004	Y003	Y002	Y001	Y000
0	0	0	1	1	1	1	1	1
1	0	0	0	0	0	1	1	0
2	0	1	0	1	1	0	1	1
3	0	1	0	0	1	1	1	1
4	0	1	1	0	0	1	1	0
5	0	1	1	0	1	1	0	1
6	0	1	1	1	1	1	0	0
7	0	0	0	0	0	1	1	1
8	0	1	1	1	1	1	1	1
9	0	1	1	0	0	1	1	1

六、项目实施

1. 分析控制要求

（1）按下开始抢答键 RUN（SB5），系统开始工作，按下停止键 STOP（SB6），系统停止工作。

（2）抢答器的工作状态如下：

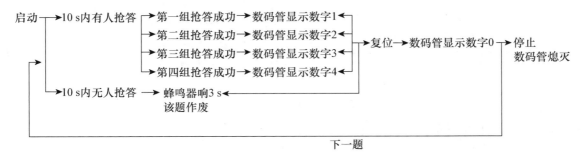

2. 绘制 I/O 分配表

综合上述分析，PLC 需用 7 个输入点和 8 个输出点，具体分配见表 9 - 6。

表 9 - 6　I/O 分配表

输入			输出		
元件代号	功能	输入点	元件代号	功能	输出点
SB1	复位开关	X000	L（HA）	蜂鸣器	Y000
SB2	1 组抢答键	X001	a	数码管 a 段	Y001
SB3	2 组抢答键	X002	b	数码管 b 段	Y002
SB4	3 组抢答键	X003	c	数码管 c 段	Y003
SB5	4 组抢答键	X004	d	数码管 d 段	Y004
SB6	起动开关	X005	e	数码管 e 段	Y005
SB7	停止开关	X006	f	数码管 f 段	Y006
			g	数码管 g 段	Y007

3. 绘制外部接线电路图

活动 1：根据 I/O 分配，画出本项目的外部接线图，如图 9 - 8 所示。

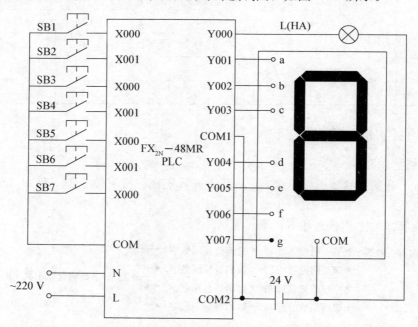

图 9 - 8　PLC 外部接线图

活动 2：根据外部接线图，安装外部电路。

4. 编写系统梯形图，写出指令表

梯形图程序如图 9-9 所示。

```
        X000  复位开关
0  ├──┤├─────┬──────────────────────────────────[ZRST   M0      M3    ]┤
                                                 数码管显示数字0
               ├──────────────────────────────────[SET    Y001  ]┤

               ├──────────────────────────────────[SET    Y002  ]┤

               ├──────────────────────────────────[SET    Y003  ]┤

               ├──────────────────────────────────[SET    Y004  ]┤

               ├──────────────────────────────────[SET    Y005  ]┤

               ├──────────────────────────────────[SET    Y006  ]┤

               └──────────────────────────────────[RST    Y007  ]┤

        X006  停止开关
13 ├──┤├─────┬──────────────────────────────────[ZRST   Y000    Y007  ]┤
                                                 数码管熄灭
               ├──────────────────────────────────[ZRST   T0      T1    ]┤
                                                 定时器清零
               └──────────────────────────────────[RST    M101  ]┤

    起动开关
     X005   M0    M1    M2    M3   Y000
25 ├──┤├──┤/├──┤/├──┤/├──┤/├──┤/├─┬──────────────────────(M101   )┤
    M101                           │                        K100
   ├──┤├─────────────────────────┤                        (T0     )┤

                                   ├──────────────────────[SET    Y001  ]┤

                                   ├──────────────────────[SET    Y002  ]┤

                                   ├──────────────────────[SET    Y003  ]┤

                                   ├──────────────────────[SET    Y004  ]┤

                                   ├──────────────────────[SET    Y005  ]┤

                                   └──────────────────────[SET    Y006  ]┤
```

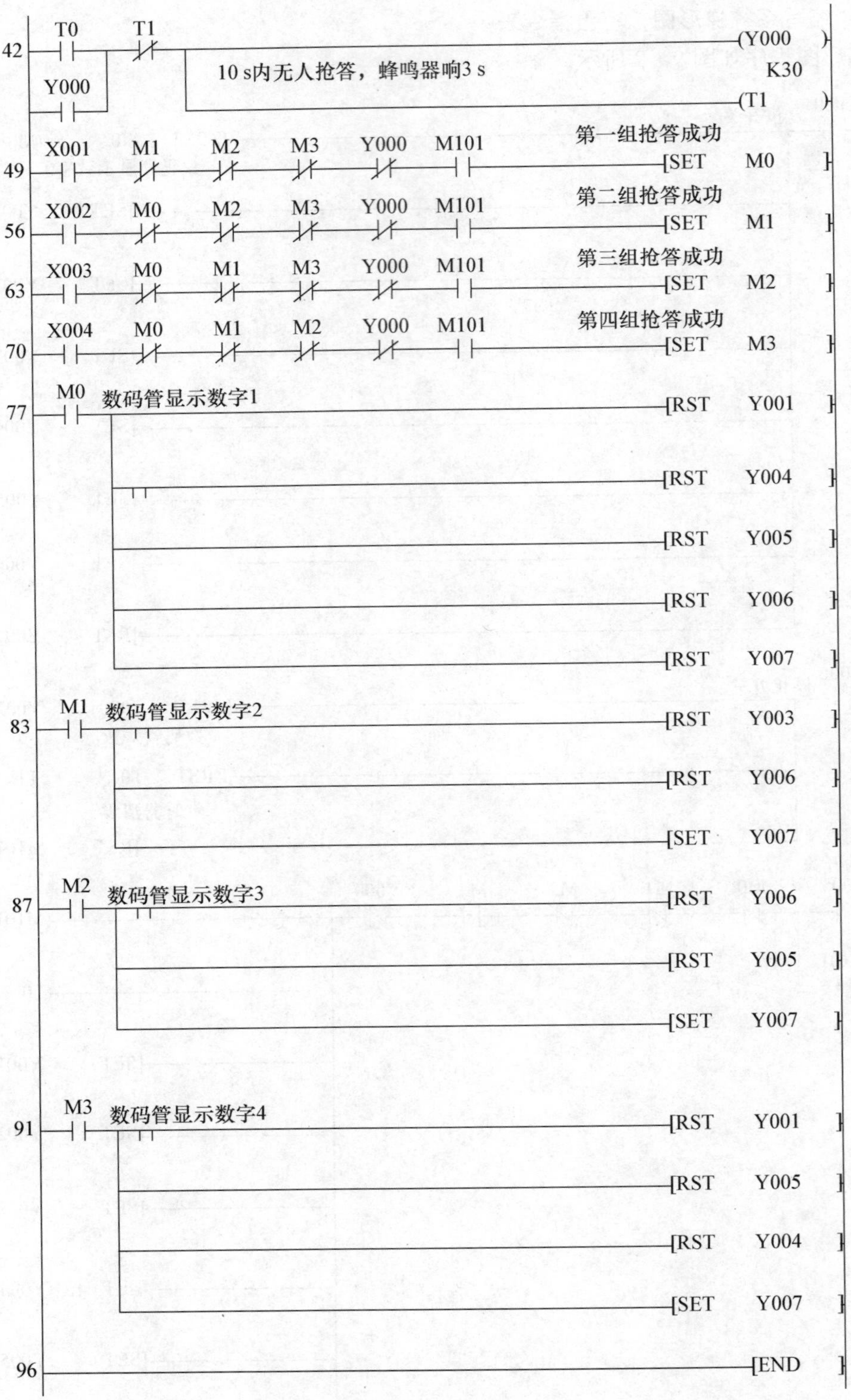

PLC 技术应用

```
        T0      T1                                              (Y000  )
42  ┤├──────┤/├──────────────────────────────────────────────
        Y000        10 s内无人抢答，蜂鸣器响3 s              K30
    ┤├                                                        (T1    )

        X001    M1      M2      M3      Y000    M101    第一组抢答成功
49  ┤├──────┤/├──────┤/├──────┤/├──────┤/├──────┤├───────────[SET    M0    ]

        X002    M0      M2      M3      Y000    M101    第二组抢答成功
56  ┤├──────┤/├──────┤/├──────┤/├──────┤/├──────┤├───────────[SET    M1    ]

        X003    M0      M1      M3      Y000    M101    第三组抢答成功
63  ┤├──────┤/├──────┤/├──────┤/├──────┤/├──────┤├───────────[SET    M2    ]

        X004    M0      M1      M2      Y000    M101    第四组抢答成功
70  ┤├──────┤/├──────┤/├──────┤/├──────┤/├──────┤├───────────[SET    M3    ]

        M0   数码管显示数字1
77  ┤├──────────────────────────────────────────────────────[RST    Y001  ]
                                                              [RST    Y004  ]
                                                              [RST    Y005  ]
                                                              [RST    Y006  ]
                                                              [RST    Y007  ]

        M1   数码管显示数字2
83  ┤├──────────────────────────────────────────────────────[RST    Y003  ]
                                                              [RST    Y006  ]
                                                              [SET    Y007  ]

        M2   数码管显示数字3
87  ┤├──────────────────────────────────────────────────────[RST    Y006  ]
                                                              [RST    Y005  ]
                                                              [SET    Y007  ]

        M3   数码管显示数字4
91  ┤├──────────────────────────────────────────────────────[RST    Y001  ]
                                                              [RST    Y005  ]
                                                              [RST    Y004  ]
                                                              [SET    Y007  ]

96                                                            [END          ]
```

图 9 - 9　梯形图程序

— 116 —

活动3：写出四组抢答器指令表，见表9-7。

表 9-7　四组抢答器指令表

步序	操作码	操作数	步序	操作码	操作数	步序	操作码	操作数
0	LD	X000	41	SET	Y006	70	LD	X004
1	ZRST	M0 M3	42	LD	T0	71	ANI	M0
6	SET	Y001	43	OR	Y000	72	ANI	M1
7	SET	Y002	44	ANI	T1	73	ANI	M2
8	SET	Y003	45	OUT	Y000	74	ANI	Y000
9	SET	Y004	46	OUT	T1 K30	75	AND	M101
10	SET	Y005	49	LD	X001	76	SET	M3
11	SET	Y006	50	ANI	M1	77	LD	M0
12	RST	Y007	51	ANI	M2	78	RET	Y001
13	LD	X006	52	ANI	M3	79	RST	Y004
14	ZRST	Y000 Y007	53	ANI	Y000	80	RST	Y005
19	ZRST	T0 T1	54	AND	M101	81	RST	Y006
24	RST	M101	55	SET	M0	82	RST	Y007
25	LD	X005	56	LD	X002	83	LD	M1
26	OR	M101	57	ANI	M0	84	RST	Y003
27	ANI	M0	58	ANI	M2	85	RST	Y006
28	ANI	M1	59	ANI	M3	86	SET	Y007
29	ANI	M2	60	ANI	Y000	87	LD	M2
30	ANI	M3	61	AND	M101	88	RET	Y006
31	ANI	Y000	62	SET	M1	89	RST	Y005
32	OUT	M101	63	LD	X003	90	SET	Y007
33	OUT	T0 K100	64	ANI	M0	91	LD	M3
36	SET	Y001	65	ANI	M1	92	RET	Y001
37	SET	Y002	66	ANI	M3	93	RST	Y005
38	SET	Y003	67	ANI	Y000	94	RST	Y004
39	SET	Y004	68	AND	M101	95	SET	Y007
40	SET	Y005	69	SET	M2	96	END	

5. 输入梯形图程序

活动1：启动编程软件 GX Developer。

活动2：创建新工程。

活动3：输入梯形图程序。

活动4：转换梯形图程序。

活动5：保存工程。

活动6：写入程序。

6. 调试系统

活动1：通电前进行安全检查。

活动2：记录调试系统注意事项。

活动3：根据项目控制要求调试运行程序。

注：通电前进行安全检查，准确无误后才能通电。

七、项目资源

1. 四组抢答器程序编写

四组抢答器程序编写视频

2. 四组抢答器外部接线

四组抢答器外部接线视频

3. 四组抢答器调试

四组抢答器调试视频

八、项目评价

四组抢答器项目评价，见表9-8。

表9-8　四组抢答器项目评价表

考核项目	考核内容	配分	评分标准	扣分	得分	备注
学习知识	知识平台的自学情况	15	1. 能书写正确的微分指令，5分； 2. 能画出数码管的内部结构图和引脚图，5分； 3. 能根据数码管的显示原理显示数字，5分			

续表

考核项目	考核内容	配分	评分标准	扣分	得分	备注
系统安装	1. 会选择设备模块； 2. 按图正确、规范接线	20	1. 设备模块选择错误扣 5 分； 2. 错、漏线每处扣 2 分； 3. 接线松动每处扣 2 分			
编程操作	1. 创建新工程； 2. 正确输入梯形图； 3. 正确保存工程文件	20	1. 不能建立程序新文件或建立错误扣 4 分； 2. 输入梯形图错误一处扣 2 分			
运行调试	1. 熟练运行调试系统，发现问题及时解决； 2. 通电运行系统，分析运行结果； 3. 会监控梯形图的运行情况	15	1. 不会运行调试程序扣 15 分； 2. 指令使用错误扣 5 分； 3. 系统通电操作错误一步扣 3 分； 4. 分析运行结果错误一处扣 2 分； 5. 不会监控梯形图扣 5 分			
团队协作	小组协作	5	1. 团队成员不能很好协作，有人没参与，每人扣 1 分； 2. 团队出现矛盾冲突，每次扣 2 分，最多扣 5 分			
安全生产	自觉遵守安全文明生产规程	10	违反安全操作扣 10 分			
5S 标准	项目实施过程体现 5S 标准	15	1. 整理不到位扣 3 分； 2. 整顿不整齐扣 3 分； 3. 清洁不干净扣 3 分； 4. 清扫不完全扣 3 分； 5. 素养不达标扣 3 分			
时间	3 小时		1. 提前正确完成，每提前 5 分钟加 2 分； 2. 不能超时			
开始时间：			结束时间：		实际时间：	

九、项目拓展

数码管显示出生日期

用共阴极数码管显示自己出生的年月日，控制要求如下：

（1）按下开始键，数码管开始循环显示本人的出生年月日，每个数字显示时间为 2 s；

（2）按下停止键，显示停止，数码管熄灭。

任务要求：

（1）写出 I/O 分配表。

（2）画出外部接线图。

（3）编写梯形图程序。

项目 10　交通灯 PLC 控制

一、学习目标

1. 会应用步进指令 STL 与 RET 编写梯形图；
2. 能应用单流程、并行分支状态转移图绘制项目流程；
3. 能根据项目的任务要求，完成交通灯控制的编程、调试与质量监控检测。

二、项目任务

交通灯由红灯、绿灯、黄灯组成。红灯表示禁止通行，绿灯表示准许通行，黄灯表示警示。在十字路口，四面都悬挂着红、黄、绿三色交通灯，它是不出声的"交通警察"。本项目的任务是安装与调试交通灯 PLC 控制系统。

1. 项目描述

某十字路口根据车流情况，需对交通灯的通车时间进行调整，具体控制要求如下：

（1）南北红灯亮 30 s，同时东西绿灯亮 25 s 后以 0.5 s 为半周期闪烁 3 次熄灭，然后东西黄灯亮 2 s 熄灭，东西红灯亮，同时南北红灯熄灭，绿灯亮。

（2）东西红灯亮 30 s，同时南北绿灯亮 25 s 后以 0.5 s 为半周期闪烁 3 次熄灭，然后南北黄灯亮 2 s 熄灭，南北红灯亮，同时东西红灯熄灭，绿灯亮。

（3）如此不断循环上述（1）、（2）过程，直到按下停止按钮 SB2，系统停止工作，所有交通灯全部熄灭，再次按起动按钮 SB1，交通灯重新运行。

控制时序图如图 10-1 所示，正常运行时，按下起动按钮 SB1，交通灯控制系统开始工作。

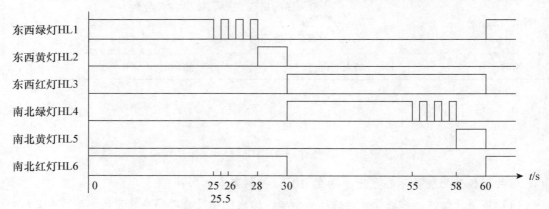

图 10-1　交通灯控制时序图

2. 交通灯运行效果视频

交通灯运行效果视频

3. 项目实施流程

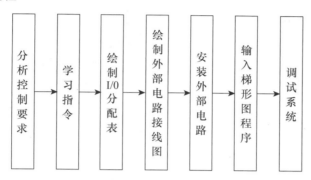

三、项目分析

交通灯工作状态如图 10-2 所示。交通灯正常工作时，在南北方向红灯亮起的同时，东西方向的绿灯和黄灯应根据要求依次点亮；在东西方向红灯亮起的同时，南北方向的绿灯和黄灯也要根据要求依次点亮，这是具有两个分支的并行性流程。闪烁的次数可以用计数器实现，时间的长短可用定时器控制。

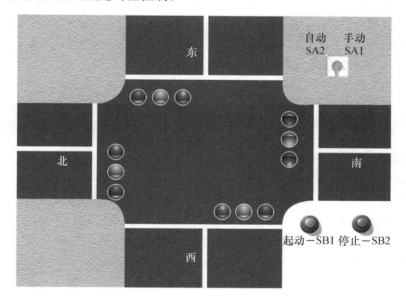

图 10-2　交通灯工作状态

四、项目设备

根据本项目的控制要求，选用学习所需工具、设备，见表 10 - 1。

表 10 - 1 实训器材表

序号	分类	名称	型号规格	数量	单位	备注
1	工具	万用表	MF47	1	只	
2		电源模块	AC 220 V	1	个	
			DC 24 V	1	个	
3	设备	电脑	HP p6 - 1199cn	1	台	
4		PLC 模块	FX$_{2N}$ - 48MR	1	个	
5		交通灯实验单元模块	SX - 801 - B - 3	1	个	
6		开关、按钮板	SX - 801B	1	个	
7		连接导线	K2 测试线	若干	条	

五、知识平台

1. 步进梯形图概述

对于很多工业机械，其各个动作是按照时间的先后次序遵循一定的规律进行的。一套完善的控制系统，为适应各种功能要求，需要有手动控制功能、自动控制功能及原点回归功能；自动控制功能中又需点动控制、半自动控制及全自动控制。实现这些控制功能若用顺控程序编程，编程设计会相当复杂。

针对以上工序步进动作的机械控制，PLC 的指令系统中有专门的步进梯形指令。步进梯形图是继电器梯形图的风格表现，是电气技术人员所熟悉的；机械动作示意图则是以机械控制的工艺流程来表示的，是机械技术人员所熟悉的。为了使机械技术人员与电气技术人员有良好的沟通，便出现了步进梯形图。

2. 步进梯形图专用指令 STL、RET 和软元件 S

步进梯形图专用指令 STL、RET 功能分析表见表 10 - 2。

表 10 - 2 STL、RET 指令功能分析表

符号	名称与功能	梯形图表示及可用软件		
STL	步进梯形动作状态中	─[STL	SX	]─ X 是 0～899 的数字编号
RET	步进梯形动作状态结束	─[RET	]─	

步进梯形动作状态中，STL 指令是利用 PLC 内部软元件状态 S，在顺控程序上面进行工序步进梯形图控制的指令。在 FX$_{2N}$ 系列 PLC 中，把状态 S0～S9 分配为初始化步进梯形图用，S10～S19 分配为原点回归用，S20～S899 为动作状态控制用。

步进梯形动作状态结束 RET 指令是表示状态 S 流程的结束，用于返回普通顺控主程序的指令。

3. 单流程状态转移图

单流程是指状态转移只有一种顺序。例如图 10 - 3 所示的步进运动方向：S0→S20→S23→S25→S0，没有其他去向，所以叫单流程。实际的控制系统并非只有一种顺序，含多

种路径的叫分支流程。

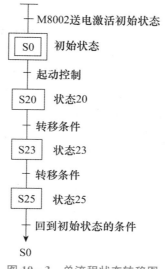

图 10 - 3 单流程状态转移图

4. 并行分支状态转移图

在状态转移图中，存在多种工作顺序的状态流程图叫分支流程图。分支流程图又分为选择性分支和并行分支两种。

并行分支状态转移图如图 10 - 4 所示（注：最多只能有 8 个分支）。S50 为汇合状态，等 3 个分支流程动作全部结束时，一旦 X3 为 ON，S50 就开启。若其中任意一个分支没有执行完，S50 就不会开启。所以这种汇合也称为排队汇合。

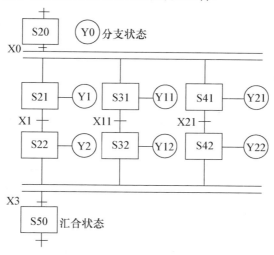

图 10 - 4 并行分支状态转移图

并行分支状态转移图的编程原则：先集中进行并行分支处理，再集中进行汇合处理。

并行分支编程方法是先进行驱动处理，然后按顺序进行状态转移处理。并行汇合编程方法是先进行汇合前状态的驱动处理，然后按顺序进行汇合状态的转移处理。

5. 用步进梯形图编程时需要注意的相关事项

（1）在 STL 指令内不能使用 MC/MCR 指令。虽然在 STL 指令内可以使用跳转 CJ 指令，但其动作复杂，不建议采用。

（2）在中断程序和子程序内，不能使用 STL 指令，也就是说 STL 指令只能在主程序使用。

（3）M8040 禁止转移：驱动该继电器，则禁止在所有状态之间转移。然而，即使在禁止转移状态下，由于状态内的程序还在动作，所以输出线圈等不会自动断开。

（4）需要使用停电保持功能时，请用保持型状态 S 元件。

（5）用于初始状态的 STL 指令要比其后的一系列的 STL 指令先编程，一系列的 STL 指令结束后编写 RET 指令。初始状态的 S 号使用 S0～S9。

初始化步进阶梯指令全部使用脉冲型指令，进入初始状态使用 SET，而不是使用 OUT，如图 10-5 所示。进入初始状态使用 OUT S0 是错误的，应该用 SET S0 才正确。

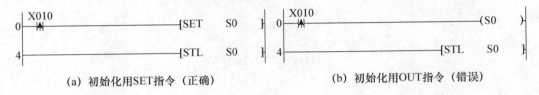

(a) 初始化用SET指令（正确）　　　　　　(b) 初始化用OUT指令（错误）

图 10-5　初始化用 SET 而不是 OUT

（6）在编写步进梯形图的时候，状态的转移可以用 SET 指令，也可以用 OUT 指令，如图 10-6 所示：用 OUT S21 或者用 SET S21 都是正确的。

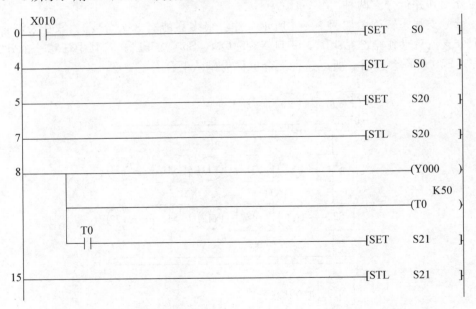

图 10-6　状态转移 OUT 或 SET 指令用法

六、项目实施

1. 分析控制要求

（1）按下起动按钮 SB1，系统开始工作，按下停止按钮 SB2，系统停止工作。

（2）系统起动后，6 只交通信号灯的动作顺序如下：

东西绿灯 25 s 0.5 s 0.5 s 0.5 s 0.5 s 0.5 s 3次闪烁 0.5 s 2 s 东西红灯
起动 → HL1亮 → HL1灭 → HL1亮 → HL1灭 → HL1亮 → HL1灭 → HL1亮 → HL2亮 → HL3亮
HL6亮 东西黄灯 HL6灭
南北红灯 南北红灯

南北绿灯 25 s 0.5 s 0.5 s 0.5 s 0.5 s 0.5 s 3次闪烁 0.5 s 南北黄灯
→ HL4亮 → HL4灭 → HL4亮 → HL4灭 → HL4亮 → HL4灭 → HL4亮 → HL5亮 2 s

显然，6 只交通信号灯的逻辑控制都以时间为主线，都在各个"时间点"进行状态切换。

2. 绘制 I/O 分配表

综合上述分析，PLC 需用 2 个输入点和 6 个输出点，具体分配见表 10 - 3。

表 10 - 3 I/O 分配表

输入			输出		
设备名称	软元件编号	说明	设备名称	软元件编号	说明
SB1	起动按钮	X000	L1	东西绿灯	Y001
			L2	东西黄灯	Y002
			L3	东西红灯	Y003
SB2	停止按钮	X001	L4	南北绿灯	Y004
			L5	南北黄灯	Y005
			L6	南北红灯	Y006

3. 绘制外部接线电路图

活动 1：根据 I/O 分配，画出本项目的外部接线图，如图 10 - 7 所示。

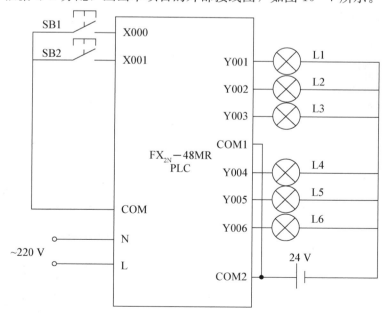

图 10 - 7 PLC 外部接线图

活动 2：根据外部接线图，安装外部电路。

4. 编写系统梯形图，写出指令表

活动 1：根据交通灯控制要求，画出对应的状态转移图，如图 10-8 所示。

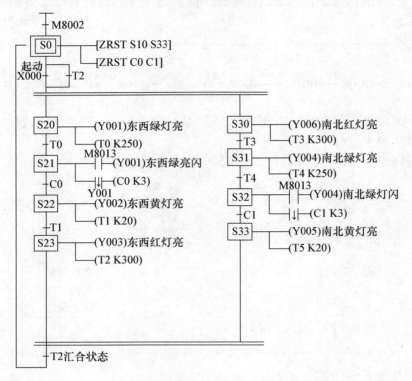

图 10-8　交通灯状态转移图

活动 2：根据状态转移图，编写交通灯的控制梯形图，如图 10-9 所示。

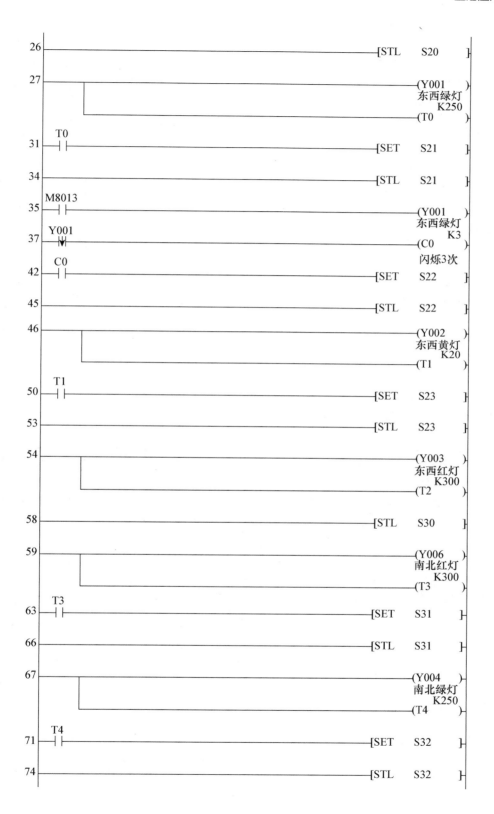

```
26 ───────────────────────────────────────────────[STL    S20 ]

27 ──────┬────────────────────────────────────────(Y001   )
         │                                          东西绿灯
         │                                              K250
         └────────────────────────────────────────(T0     )

   T0
31 ─┤├──────────────────────────────────────────────[SET    S21 ]

34 ───────────────────────────────────────────────[STL    S21 ]

   M8013
35 ─┤├──────────────────────────────────────────────(Y001   )
                                                    东西绿灯
   Y001                                                  K3
37 ─┤↓├──────────────────────────────────────────────(C0    )
                                                    闪烁3次
   C0
42 ─┤├──────────────────────────────────────────────[SET    S22 ]

45 ───────────────────────────────────────────────[STL    S22 ]

46 ──────┬────────────────────────────────────────(Y002   )
         │                                          东西黄灯
         │                                              K20
         └────────────────────────────────────────(T1     )

   T1
50 ─┤├──────────────────────────────────────────────[SET    S23 ]

53 ───────────────────────────────────────────────[STL    S23 ]

54 ──────┬────────────────────────────────────────(Y003   )
         │                                          东西红灯
         │                                              K300
         └────────────────────────────────────────(T2     )

58 ───────────────────────────────────────────────[STL    S30 ]

59 ──────┬────────────────────────────────────────(Y006   )
         │                                          南北红灯
         │                                              K300
         └────────────────────────────────────────(T3     )

   T3
63 ─┤├──────────────────────────────────────────────[SET    S31 ]

66 ───────────────────────────────────────────────[STL    S31 ]

67 ──────┬────────────────────────────────────────(Y004   )
         │                                          南北绿灯
         │                                              K250
         └────────────────────────────────────────(T4     )

   T4
71 ─┤├──────────────────────────────────────────────[SET    S32 ]

74 ───────────────────────────────────────────────[STL    S32 ]
```

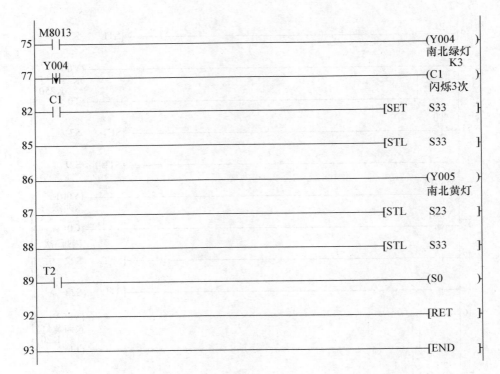

图 10 - 9 梯形图

活动 3：写出交通灯指令表，见表 10 - 4。

表 10 - 4 交通灯指令表

步序	操作码	操作数	步序	操作码	操作数	步序	操作码	操作数
0	LD	X000	34	STL	S21	66	STL	S31
1	ANI	X001	35	LD	M8013	67	OUT	Y004
2	OUT	M0	36	OUT	Y001	70	OUT	T4 K250
3	OR	M0	37	LDF	Y001	71	LD	T4
4	LD	X001	41	OUT	C0 K3	73	SET	S32
5	OUT	M1	42	LD	C0	74	STL	S32
6	LD	M8002	44	SET	S22	75	LD	M8013
7	OR	M1	45	STL	S22	76	OUT	Y004
8	SET	S0	46	OUT	Y002	77	LDF	Y004
10	STL	S0	49	OUT	T1 K20	81	OUT	C1 K3
11	ZRST	S10 S33	50	LD	T1	82	LD	C1
20	ZRST	C0 C1	52	SET	S23	84	SET	S33
21	LD	M0	53	STL	S23	85	STL	S33
22	SET	S20	54	OUT	Y003	86	OUT	Y005
25	SET	S30	57	OUT	T2 K300	87	STL	S23
26	STL	S20	58	STL	S30	88	STL	S33

续表

步序	操作码	操作数	步序	操作码	操作数	步序	操作码	操作数
27	OUT	Y001	59	OUT	Y006	89	LD	T2
30	OUT	T0 K250	62	OUT	T3 K300	91	OUT	S0
31	LD	T0	63	LD	T3	92	RET	
33	SET	S21	65	SET	S31	93	END	

5. 输入梯形图程序

活动 1：启动编程软件 GX Developer。

活动 2：创建新工程。

活动 3：输入梯形图程序。

活动 4：转换梯形图程序。

活动 5：保存工程。

活动 6：写入程序。

6. 调试系统

活动 1：通电前进行安全检查。

活动 2：记录调试系统注意事项。

活动 3：根据项目控制要求调试运行程序。

注：通电前进行安全检查，准确无误后才能通电。

七、项目资源

1. 交通灯程序编写

交通灯程序编写视频

2. 交通灯外部接线

交通灯外部接线视频

3. 交通灯调试

交通灯调试视频

八、项目评价

交通灯项目评价，见表10-5。

表10-5 交通灯项目评价表

考核项目	考核内容	配分	评分标准	扣分	得分	备注
学习知识	知识平台的自学情况	15	1. 能书写正确的步进指令，5分； 2. 会画单流程状态转移图，并完成练习，5分； 3. 会画并行分支状态转移图，并完成练习，5分			
系统安装	1. 会选择设备模块； 2. 按图正确、规范接线	20	1. 设备模块选择错误扣5分； 2. 错、漏线每处扣2分； 3. 接线松动每处扣2分			
编程操作	1. 创建新工程； 2. 正确输入梯形图； 3. 正确保存工程文件	20	1. 不能建立程序新文件或建立错误扣4分； 2. 输入梯形图错误一处扣2分			
运行调试	1. 熟练运行调试系统，发现问题及时解决； 2. 会使用STL与RET指令编程； 3. 通电运行系统，分析运行结果； 4. 会监控梯形图的运行情况	15	1. 不会运行调试程序扣15分； 2. 指令使用错误扣5分； 3. 系统通电操作错误一步扣3分； 4. 分析运行结果错误一处扣2分； 5. 不会监控梯形图扣5分			
团队协作	小组协作	5	1. 团队成员不能很好协作，有人没参与，每人扣1分； 2. 团队出现矛盾冲突，每次扣2分，最多扣5分			
安全生产	自觉遵守安全文明生产规程	10	违反安全操作扣10分			
5S标准	项目实施过程体现5S标准	15	1. 整理不到位扣3分； 2. 整顿不整齐扣3分； 3. 清洁不干净扣3分； 4. 清扫不完全扣3分； 5. 素养不达标扣3分			
时间	3小时		1. 提前正确完成，每提前5分钟加2分； 2. 不能超时			
开始时间：		结束时间：		实际时间：		

九、项目拓展

交通灯开闭时间可调控制

（1）控制要求。按下起动按钮后，东西方向：绿灯亮 t_1 s（t_1 值由按钮开关以 BCD 码的形式置入），接着闪动 2 s 后熄灭，随后黄灯亮 t_2 s 后熄灭，红灯亮（t_1+2）秒后熄灭；南北方向：红灯亮（t_1+2）秒后熄灭，绿灯亮 t_1 s，接着闪动 2 s 熄灭，接着黄灯亮 t_2 s 后熄灭，如此循环下去。按下停止按钮后，红灯、绿灯均熄灭。

（2）按控制要求，完成 I/O 分配。

（3）按控制要求编制梯形图。

（4）上机调试并运行程序。

操作：装入应用程序，设置 PLC 为运行状态。通过按钮开关分别置入东西方向、南北方向交通灯亮灯时间，按启动按钮系统开始运行。

注：t_1、t_2 为自定义时间。

视野拓展　RFID 应用基础

1. IC 卡

IC 卡（Integrated Circuit Card，集成电路卡）也称智能卡（Smart Card）、微电路卡（Microcircuit Card）或芯片卡等，它是将一个微电子芯片嵌入卡片中。IC 卡分为接触式和非接触式。

接触式 IC 卡，其芯片直接封装在卡基表面，通过金属触点将卡的集成电路与外部接口芯片直接连接，提供卡片内集成电路的工作电源并进行数据交换。

非接触式 IC 卡是由芯片和线圈组成。非接触式 IC 卡又称射频卡，卡内除了包含 IC 卡电路，还含有相关射频收发电路及天线线圈。射频卡在一定距离内即可接收读写器的信号，实现非接触读写。射频卡包括 RFID 卡和 NFC 卡以及其他电子标签。NFC 是在 RFID 的基础上发展而来的，都是基于地理位置相近的两个物体之间的信号传输。其区别是，NFC 技术增加了点对点通信功能，可以快速建立蓝牙设备之间的 P2P（点对点）无线通信，NFC 设备彼此寻找对方并建立通信连接。P2P 通信的双方设备是对等的，而 RFID 通信的双方设备是主从关系。其余还有一些技术细节方面：NFC 相较于 RFID 技术，具有距离近、带宽高、能耗低等特点。

2. RFID 技术

射频识别（RFID，Radio Frequency Identification），又称无线射频识别，该技术通过空间耦合（交变磁场或电磁场）实现无接触信息传递，识别特定目标并读写相关数据。

RFID 技术是以应用为目的、以电子信息技术为特色的跨学科技术的一个集合。RFID 技术涉及通信技术中的解制解调技术与编解码技术、无线收发的天线技术、集成电路设计技术等。

3. RFID 产品

RFID 产品则是在 RFID 技术基础上针对 RFID 系统的工作原理设计、构建的单元功能件。RFID 产品包括电子标签、读写器，扩展开来也包括标签天线、标签芯片、存储芯片等。

4. RFID 系统

RFID 系统是具有无接触识别功能的相关产品的组合。一个最基本的 RFID 系统包含两个基本部分：电子标签和阅读器，如图 10-10 所示。

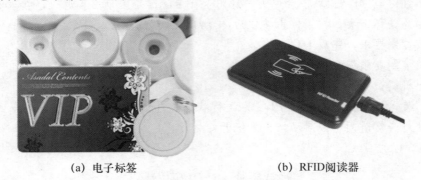

(a) 电子标签　　　　　　　　　(b) RFID 阅读器

图 10-10　电子标签与 RFID 阅读器

电子标签是物品标识信息的载体，可附着在标识物品的表面或者嵌入标识物品中。阅读器用于和电子标签进行数据通信，既可向电子标签中写入数据也可以读出电子标签中的数据。

5. RFID 电子标签的技术分类

依据电子标签供电方式的不同，电子标签分为有源电子标签、无源电子标签和半有源电子标签。有源电子标签内部装有电池，无源电子标签没有内装电池，半有源电子标签部分依靠电池工作。

依据频率的不同，电子标签可分为低频、高频、超高频和微波电子标签。

无源电子标签发展最早，也是发展最成熟、市场应用最广的产品。比如，公交卡、食堂餐卡、银行卡、宾馆门禁卡、二代身份证等，在我们的日常生活中随处可见，属于近距离接触式识别类。其产品的主要工作频率有低频 125 kHz、高频 13.56 MHz、超高频 433 MHz、超高频 915 MHz。

有源 RFID 电子标签是最近几年慢慢发展起来的，其远距离自动识别的特性，决定了其巨大的应用空间和市场潜质。在远距离自动识别领域，如智能监狱、智能医院、智能停车场、智能交通、智慧城市及物联网等领域有重大应用。产品主要工作频率有超高频 433 MHz、微波 2.45 GHz 和微波 5.8 GHz。

半有源 RFID 产品结合了有源 RFID 产品及无源 RFID 产品的优势。半有源 RFID 产品在低频 125 kHz 频率的触发下，让微波 2.45 GHz 发挥优势。半有源 RFID 技术，也可以称为低频激活触发技术，利用低频近距离精确定位，微波远距离识别和上传数据，来解决单纯的有源 RFID 和无源 RFID 没有办法实现的功能。在门禁进出管理、人员精确定位、区域定位管理、周界管理、电子围栏及安防报警等领域有着很大的优势。简单地说，就是近距离激活定位，远距离识别及上传数据。

项目 11　洗衣机 PLC 控制

一、学习目标

1. 会应用特殊辅助继电器编写梯形图；
2. 能应用选择分支状态转移图绘制项目流程；
3. 能根据项目的任务要求，完成洗衣机 PLC 控制系统的编程、调试与质量监控检测。

二、项目任务

洗衣机系统由电动机、电磁阀、按钮和指示灯组成。电动机带动洗衣桶旋转，3 个电磁阀分别控制进水、排水和脱水，指示灯指示当前清洗状态。本项目的任务是安装与调试洗衣机 PLC 控制系统。

1. 项目描述

依据实际生活中对全自动洗衣机的运行控制要求，运用 PLC 的强大功能，实现模拟控制，具体控制要求如下：

（1）起动：按下起动按钮，打开进水阀，当水位达到上限时，关闭进水阀，开始清洗。

（2）清洗过程：搅拌轮正转 5 s，暂停 1 s；搅拌轮反转 5 s，暂停 1 s；如此循环 3 次。

（3）脱水过程：打开排水阀，排水达到水位下限时，进行甩干脱水 6 s，然后自动结束清洗。

（4）停止：按下停止按钮立刻停止清洗。

（5）安全措施：如果洗衣机门中途被打开，立刻停止清洗，亮报警灯；当关上门后继续清洗。

洗衣机原理示意如图 11 - 1 所示。

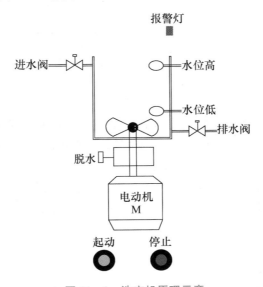

图 11 - 1　洗衣机原理示意

2. 洗衣机运行效果视频

洗衣机运行效果视频

3. 项目实施流程

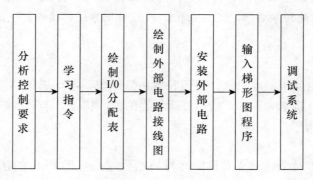

三、项目分析

洗衣机要有自动初始化参数功能，使它可以进入基本就绪状态。可以用 PLC 开机脉冲 M8002 完成初始化。

按下起动按钮后，系统开始运行，这里可以用起保停程序。清洗过程和脱水过程用状态转移图编写，由于清洗需要 3 次，所以这里使用选择分支结构，如图 11-2 所示。

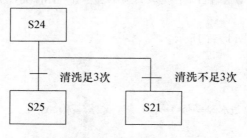

图 11-2　选择分支结构

正常停止：当最后清洗结束后，用某个动合触点作为转移条件跳转回 S0 即可。按下停止按钮，停止所有操作。这里可以使用特殊的辅助继电器 M8034 来禁止 PLC 输出，即将 PLC 的所有外部输出设置为 OFF 状态。

安全停止：用限位开关检测门是否关闭，如果门未关或者在清洗过程中打开，那么导通禁止转移辅助继电器 M8040，并用 Y5 输出报警，同时断开其他输出触点来加强安全措施。

四、项目设备

根据本项目的控制要求，选用学习所需工具、设备，见表 11-1。

表 11 - 1 实训器材表

序号	分类	名称	型号规格	数量	单位	备注
1	工具	万用表	MF47	1	只	
2	设备	电源模块	AC 220 V	1	个	
			DC 24 V	1	个	
3		电脑	HP p6 - 1199cn	1	台	
4		PLC 模块	FX₂ₙ - 48MR	1	个	
5		洗衣机实验单元模块	SX - 801B	1	个	
6		开关、按钮板	SX - 801B	1	个	
7		连接导线	K2 测试线	若干	条	

五、知识平台

在状态转移图中，存在多种工作顺序的状态流程图，也叫分支流程图。分支流程图又分为选择分支和并行分支两种，本项目介绍的是选择分支。

选择分支示例如图 11 - 3 所示。

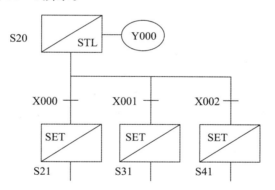

图 11 - 3 选择分支示例

STL   S20
OUT   Y000——驱动处理
LD   X000
SET   S21——直接转移到下面的状态
LD   X001
SET   S31——转移到第一分支状态
LD   X002
SET   S41——转移到第二分支状态

与一般状态的编程一样，先进行驱动处理，然后进行转移处理，所有的转移处理按顺序连续进行。

选择汇合示例如图 11 - 4 所示。

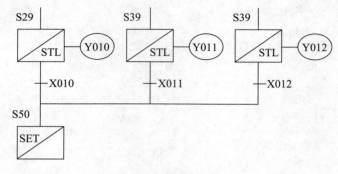

图 11 - 4　选择汇合示例

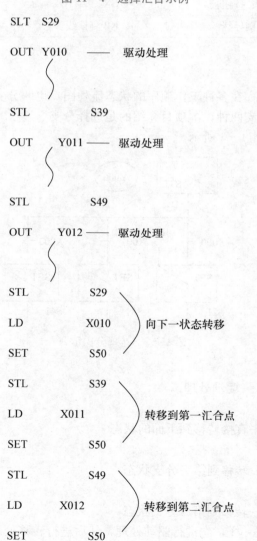

首先只执行汇合前状态的驱动处理，然后按顺序连续进行汇合状态转移处理。

选择分支与汇合示例如图 11 - 5 所示。

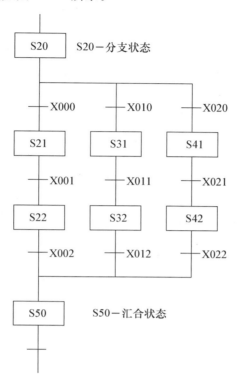

图 11 - 5　选择分支与汇合示例

（1）从多个流程中选择一个流程执行被称为选择分支。

（2）以图 11 - 5 为例，必须是 X000、X010、X020 不同时接通。

（3）例如，S20 动作时，若 X000 接通，则动作状态就向 S21 转移，S20 变为不动作。因此，即使以后 X010、X020 动作，S31、S41 也不会动作。

（4）汇合状态 S50，可被 S22、S32、S42 中任意一个驱动。

本项目涉及的特殊辅助继电器见表 11 - 2。

表 11 - 2　特殊辅助继电器

软元件号	名称	功能及用途
M8000	RUN 监视	PLC 在运行过程中，需要一直接通的继电器，可作为驱动程序的输入条件或作为 PLC 运行状态的显示来使用
M8002	初始脉冲	PLC 的状态由 STOP→RUN 改变时，仅接通一个扫描周期的继电器，用于程序的初始设定或初始状态的置位
M8034	禁止输出	将 PLC 的外部输出全部置为 OFF 状态
M8040	禁止转移	禁止在所有状态之间转移。即使在禁止转移状态下，由于状态内的程序依然动作，所以输出线圈不会自动断开
M8046	STL 动作	任一状态接通时，M8046 自动接通，用于避免与其他流程同时起 STL 动作或用作工序的动作标志
M8047	STL 有效监视	驱动该继电器，则编程功能可自动读出正在动作中的状态，并加以显示

六、项目实施

1. 分析控制要求

输入部分：系统起停需要用 2 个按钮，1 个洗衣机门限位开关以及水位上限和下限开关。输出部分：进水、排水电磁阀和脱水电磁阀，电动机正反转接触器以及报警指示灯。

2. 绘制 I/O 分配表

综合上述分析，PLC 需用 5 个输入点和 6 个输出点，具体分配见表 11 - 3。

表 11 - 3　I/O 分配表

输入			输出		
元件代号	功能	输入点	元件代号	功能	输出点
SB1	洗衣机门开关	X000	L1（YV1）	进水电磁阀	Y001
SB2	起动按钮	X001	L2（YV2）	排水电磁阀	Y002
SB3	停止按钮	X002	L3（KM1）	正转接触器	Y003
S1	水位上限开关	X003	L4（KM2）	反转接触器	Y004
S2	水位下限开关	X004	L5（YV3）	脱水电磁阀	Y005
			L6	报警指示灯	Y006

3. 绘制外部接线电路图

活动 1：根据 I/O 分配，画出本项目的外部接线图，如图 11 - 6 所示。

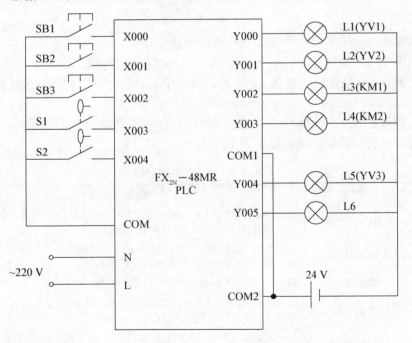

图 11 - 6　PLC 外部接线图

活动 2：根据外部接线图，安装外部电路。

4. 编写系统梯形图，写出指令表

活动：根据状态转移图，编写洗衣机控制梯形图，如图 11 - 7 所示。

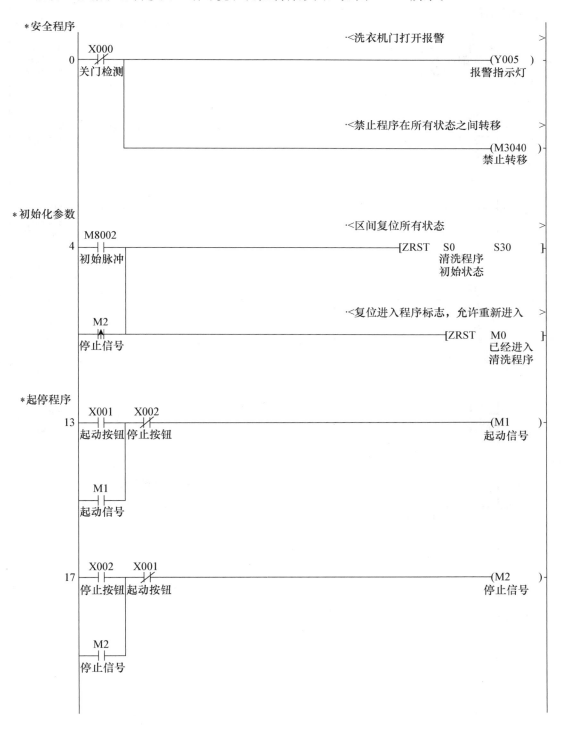

*进入清洗程序

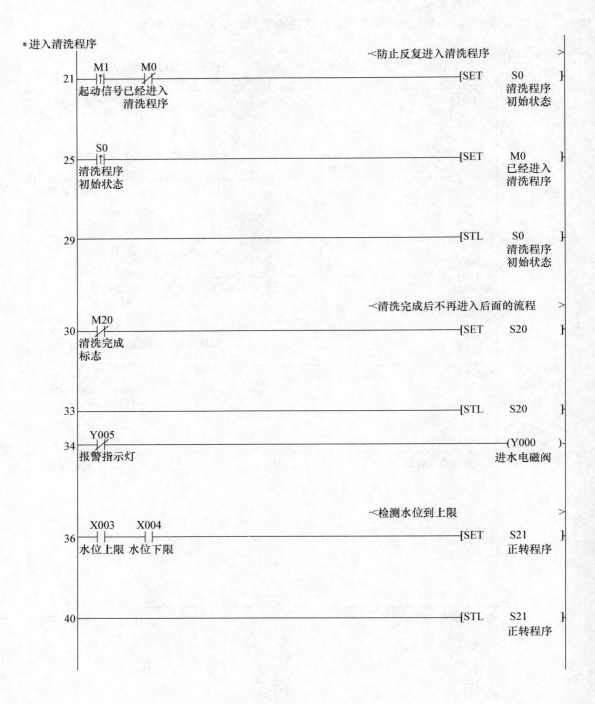

21 ──┤M1├──┤M0├────────────────────────────────[SET   S0
     起动信号已经进入   清洗程序
          清洗程序   初始状态

<防止反复进入清洗程序>

25 ──┤S0├────────────────────────────────────[SET   M0
     清洗程序   已经进入
     初始状态   清洗程序

29 ──[STL   S0
                                                    清洗程序
                                                    初始状态

<清洗完成后不再进入后面的流程>

30 ──┤M20├────────────────────────────────[SET   S20
     清洗完成
     标志

33 ──[STL   S20

34 ──┤Y005├────────────────────────────────(Y000   )
     报警指示灯   进水电磁阀

<检测水位到上限>

36 ──┤X003├──┤X004├──────────────────────[SET   S21
     水位上限 水位下限   正转程序

40 ──[STL   S21
                                                    正转程序

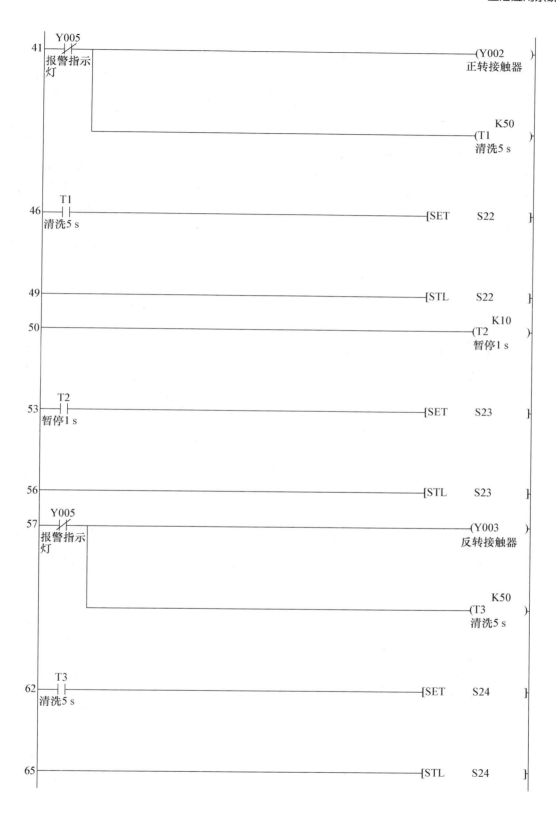

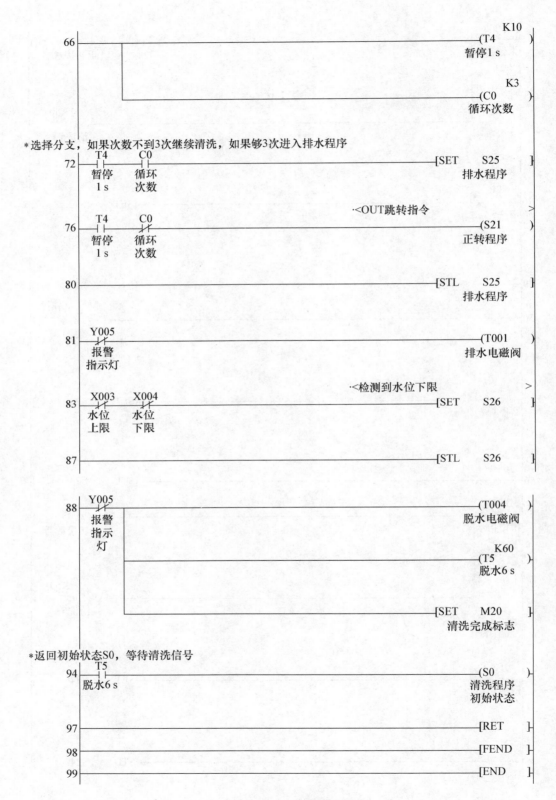

图 11 - 7　洗衣机控制梯形图

活动 2：写出洗衣机指令表，见表 11-4。

表 11-4　洗衣机指令表

步序	操作码	操作数	步序	操作码	操作数	步序	操作码	操作数
0	LDI	X000	34	SET	S20	69	OUT	T4 K10
1	OUT	Y005	36	STL	S20	72	OUT	C0 K3
2	OUT	M8040	37	LDI	Y005	75	LD	T4
4	LD	M8002	38	OUT	Y000	76	AND	C0
5	ORP	M2	39	LD	X003	77	SET	S25
7	ZRST	S0 S30	40	AND	X004	79	LD	T4
12	RST	M0	41	SET	S21	80	ANI	C0
13	LD	X001	43	SET	S21	81	OUT	S21
14	OR	M1	44	LDI	Y005	83	STL	S25
15	ANI	X002	45	OUT	Y002	84	LDI	Y005
16	OUT	M1	46	OUT	T1 K50	85	OUT	Y001
17	LDP	M1	49	LD	T1	86	LDI	X003
19	RST	M20	50	SET	S22	87	ANI	X004
20	LD	X002	52	STL	S22	88	SET	S26
21	OR	M2	53	OUT	T2 K10	90	STL	S26
22	ANI	X001	56	LD	T2	91	LDI	Y005
23	OUT	M2	57	SET	S23	92	OUT	Y004
24	LDP	M1	59	STL	S23	93	OUT	T5 K60
26	ANI	M0	60	LDI	Y005	96	SET	M20
27	SET	S0	61	OUT	Y003	97	LD	T5
29	LDP	S0	62	OUT	T3 K50	98	OUT	S0
31	SET	M0	65	LD	T3	100	RET	
32	STL	S0	66	SET	S24	101	FEND	
33	LDI	M20	68	STL	S24	102	END	

5．输入梯形图程序

活动 1：启动编程软件 GX Developer。

活动 2：创建新工程。

活动 3：输入梯形图程序。

活动 4：转换梯形图程序。

活动 5：保存工程。

活动 6：写入程序。

6．调试系统

活动 1：通电前进行安全检查。

活动 2：记录调试系统注意事项。

活动3：根据项目控制要求调试运行程序。

注：通电前进行安全检查，准确无误后才能通电。

七、项目资源

1. 洗衣机程序编写

洗衣机程序编写视频

2. 洗衣机外部接线

洗衣机外部接线视频

3. 洗衣机调试

洗衣机调试视频

八、项目评价

洗衣机项目评价，见表11-5。

表11-5　洗衣机项目评价表

考核项目	考核内容	配分	评分标准	扣分	得分	备注
学习知识	知识平台的自学情况	15	1. 了解特殊辅助继电器的功能和用途，5分； 2. 会画选择分支状态转移图，并完成练习，5分； 3. 会分析全自动洗衣机运行模式并进行控制，5分			
系统安装	1. 会选择设备模块； 2. 按图正确、规范接线	20	1. 设备模块选择错误扣5分； 2. 错、漏线每处扣2分； 3. 接线松动每处扣2分			
编程操作	1. 创建新工程； 2. 正确输入梯形图； 3. 正确保存工程文件	20	1. 不能建立程序新文件或建立错误扣4分； 2. 输入梯形图错误一处扣2分			

续表

考核项目	考核内容	配分	评分标准	扣分	得分	备注
运行调试	1. 熟练运行调试系统，发现问题及时解决； 2. 会使用相关指令编程； 3. 通电运行系统，分析运行结果； 4. 会监控梯形图的运行情况	15	1. 不会运行调试程序扣 15 分； 2. 指令使用错误扣 5 分； 3. 系统通电操作错误一步扣 3 分； 4. 分析运行结果错误一处扣 2 分； 5. 不会监控梯形图扣 5 分			
团队协作	小组协作	5	1. 团队成员不能很好协作，有人没参与，每人扣 1 分； 2. 团队出现矛盾冲突，每次扣 2 分，最多扣 5 分			
安全生产	自觉遵守安全文明生产规程	10	违反安全操作扣 10 分			
5S标准	项目实施过程体现 5S 标准	15	1. 整理不到位扣 3 分； 2. 整顿不整齐扣 3 分； 3. 清洁不干净扣 3 分； 4. 清扫不完全扣 3 分； 5. 素养不达标扣 3 分			
时间	3 小时		1. 提前正确完成，每提前 5 分钟加 2 分； 2. 不能超时			
开始时间：			结束时间：		实际时间：	

九、项目拓展

洗衣机模式可选控制

（1）控制要求：
1）按下起动按钮，洗衣机开始自动清洗。
2）按下停止按钮，洗衣机停机。
3）如果中途打开洗衣机门，报警灯亮并暂停所有动作。
4）可以选择洗衣机的两种模式：正常清洗模式和单脱水模式。
（2）按控制要求，完成 I/O 分配。
（3）按控制要求编制梯形图。
（4）上机调试并运行程序。

工业应用系统

项目 12 水塔水位 PLC 控制

一、学习目标

1. 会应用基本指令及功能指令编写梯形图；
2. 会应用 MOV、CMP、ZCP 指令编程；
3. 能根据项目的任务要求，完成水塔水位的编程、调试与质量监控检测。

二、项目任务

在工农业生产以及日常生活应用中，常常需要对容器中的液位进行自动控制，比如水塔水位 PLC 控制在现实生活中就是一个典型的应用。本项目的任务是安装与调试水塔水位 PLC 控制系统。

1. 项目描述

当水池水位低于水池下限液位（S4 为 ON）时，电磁阀 Y 打开进水，若 2 s 以后水池水位仍低于水池下限液位，说明阀 Y 没有进水，阀 Y 指示灯闪烁，表示出现故障；当水位达到水池上限液位（S3 为 ON）时，电磁阀 Y 关闭。当水塔水位低于水塔下限液位（S2 为 ON），且水池处于正常水位（S4 为 OFF）时，电动机 M 自动投入运转，开始抽水，当水位达到水塔上限液位（S1 为 ON）后，电动机 M 停止。

2. 水塔水位运行效果视频

水塔水位运行效果视频

3. 项目实施流程

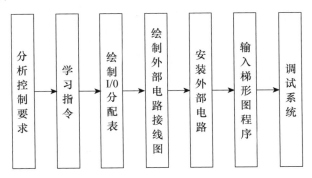

三、项目分析

如图 12-1 所示，水位控制器主要应用在水塔上进行自动水位控制，通过 S1～S4 液位感应开关实现全自动控制，实现无人值守缺水自动补水、水满自动停止进水的功能。进水故障电磁阀 Y 闪烁，可以用特殊辅助继电器 M8013 实现，时间的长短，可用定时器控制。

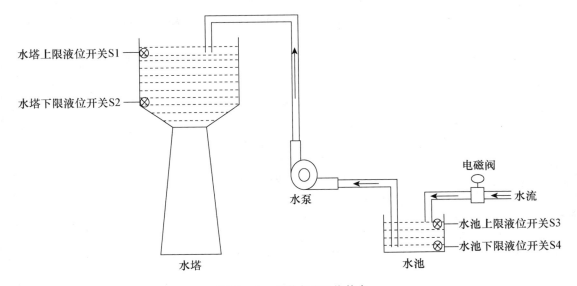

图 12-1 水塔水位工作状态

四、项目设备

根据本项目的控制要求，选用学习所需工具、设备，见表 12 - 1。

表 12 - 1 实训器材表

序号	分类	名称	型号规格	数量	单位	备注
1	工具	万用表	MF47	1	只	
2		电源模块	AC 220 V	1	个	
			DC 24 V	1	个	
3		电脑	HP p6 - 1199cn	1	台	
4	设备	PLC 模块	FX$_{2N}$ - 48MR	1	个	
5		水塔水位实验单元模块	SX - 801 - 4	1	个	
6		连接导线	K2 测试线	若干	条	

五、知识平台

1. 比较指令 CMP（FNC10）、区域比较指令 ZCP（FNC11）

比较指令和区域比较指令的格式及使用说明如下：

（1）比较指令 CMP（FNC10）的格式如图 12 - 2 所示，其使用说明如图 12 - 3 所示。

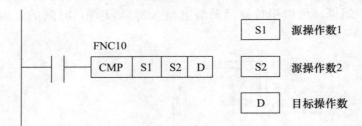

图 12 - 2 比较指令 CMP 的格式

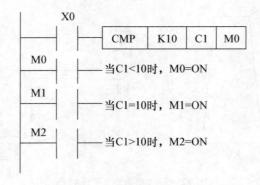

图 12 - 3 CMP 指令的使用说明

备注：D 可以使用 X、Y、M、S 元件，当 D 的元件地址确定后，紧接着后面的两个元件同时被占用。

在图 12-3 中，执行 CMP 指令时，M0、M1、M2 会同时被占用，即使 CMP 指令已停止执行，M0、M1、M2 仍会保持 X0 在 OFF 前的状态。CMP、CMPP 指令执行步数为 7 步，而 DCMP、DCMPP 指令执行步数为 13 步。

（2）区域比较指令 ZCP（FNC11）与 CMP（FNC10）指令不同的是：ZCP 是一个与数值区域的上限值与下限值进行比较的指令。这两个指令都是根据比较的结果来驱动目标 D 指定的 3 个编号（梯形图中标出的是首地址）连续控制触点动作的。ZCP（FNC11）指令的格式如图 12-4 所示，其使用说明如图 12-5 所示。

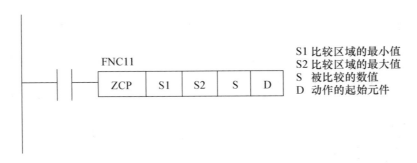

图 12-4 ZCP 指令的格式

图 12-5 ZCP 指令的使用说明

备注：当 X0＝ON 时，计数器 C10 的当前值与 K20～K50 区域的上、下限值进行比较。D 可以使用 X、Y、M、S 元件，当 D 的元件地址确定后，紧接着后面的两个元件同时被占用。

在图 12-5 中，当执行 ZCP 指令时，M1、M2、M3 会同时被占用，即使 ZCP 指令已停止执行，M1～M3 仍会保持 X0 在 OFF 前的状态。ZCP、ZCPP 指令执行步数为 7 步，而 DZCP、DZCPP 指令执行步数为 17 步。

（3）应用 CMP 指令实现多重输出。采用计数器和比较指令，应用 CMP 指令实现多重输出的梯形图如图 12-6 所示。

用按钮控制起动 X0 与停止 X1，计数器 C10 对脉冲计数（12 行、21 行），用计数器 C10 与常数 100 做比较（27 行），当 C10＜100 时，Y1～Y4 为 ON（35 行）；当 C10＝100 时，Y0 为 ON（41 行）；当 C10＞100 时，Y5～Y10 为 ON（44 行）。C10 动作时清 0，又开始重复上述的输出控制。

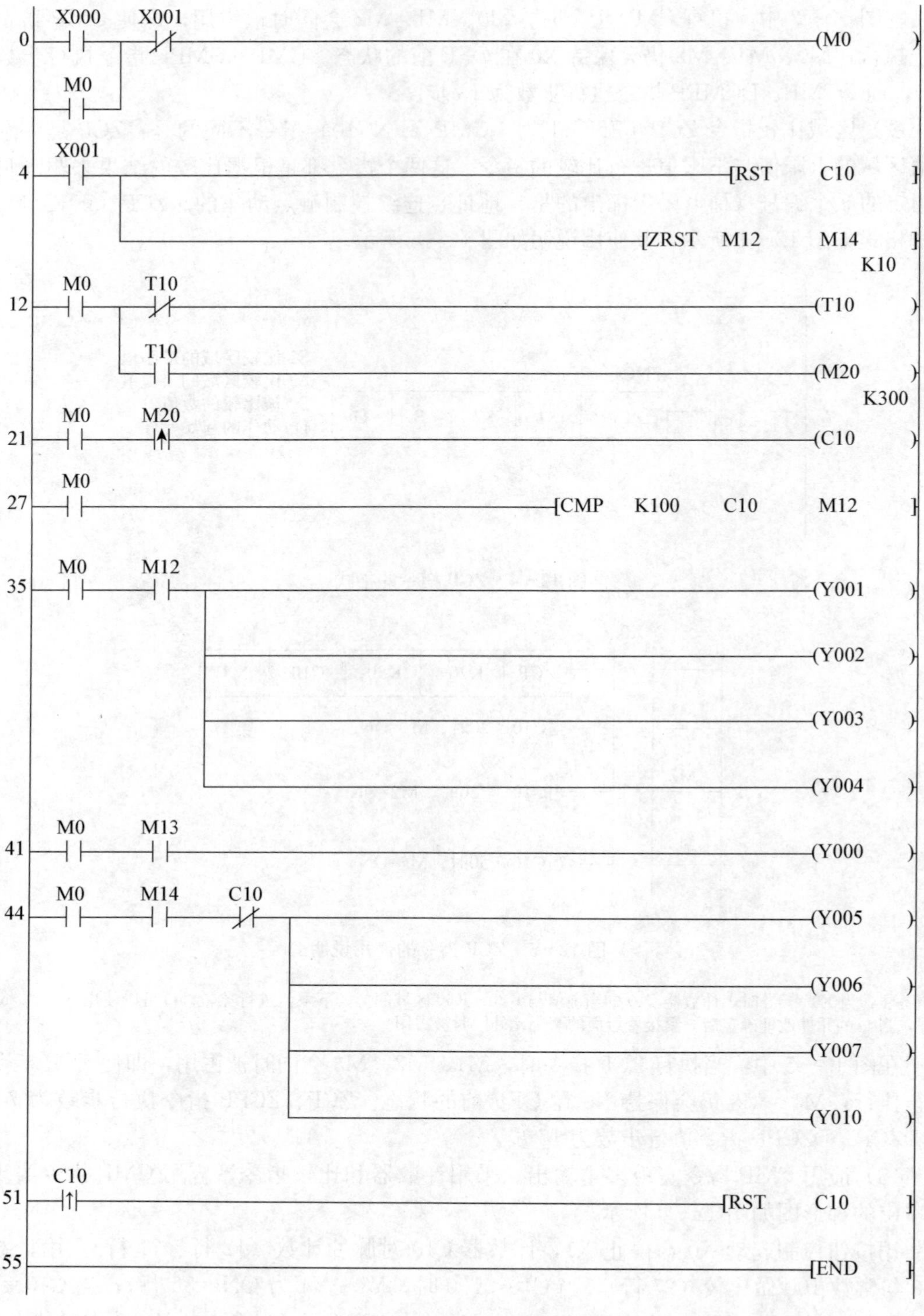

```
       X000   X001
   0   ─┤├────┤/├───────────────────────────────────────(M0      )
        M0
       ─┤├─

       X001
   4   ─┤├─────────────────────────────────────[RST    C10     ]

                    ──────────────────────────[ZRST   M12    M14 ]
                                                              K10

       M0    T10
  12   ─┤├────┤/├───────────────────────────────────────(T10     )
              T10
             ─┤├────────────────────────────────────────(M20     )
                                                              K300

       M0    M20
  21   ─┤├────┤↑├─────────────────────────────────────────(C10     )

       M0
  27   ─┤├──────────────────────────[CMP    K100    C10    M12 ]

       M0    M12
  35   ─┤├────┤├─────────────────────────────────────────(Y001    )
                  ───────────────────────────────────────(Y002    )
                  ───────────────────────────────────────(Y003    )
                  ───────────────────────────────────────(Y004    )

       M0    M13
  41   ─┤├────┤├─────────────────────────────────────────(Y000    )

       M0    M14   C10
  44   ─┤├────┤├───┤/├────────────────────────────────────(Y005    )
                      ───────────────────────────────────(Y006    )
                      ───────────────────────────────────(Y007    )
                      ───────────────────────────────────(Y010    )

       C10
  51   ─┤├──────────────────────────────────────[RST    C10     ]

  55   ─────────────────────────────────────────────────[END     ]
```

图 12 - 6　应用 CMP 指令实现多重输出的梯形图

2. 传送指令 MOV

传送指令 MOV（FNC12）的使用说明如图 12 - 7 所示。

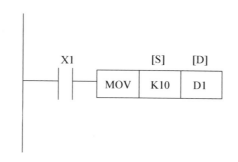

图 12 - 7　传送指令 MOV（FNC12）的使用说明

传送指令用于将源操作数送到指定的目标操作数，即 [S] → [D]。当动合触点 X1 闭合时，每次扫描 MOV 指令时，就把存在源操作数的十进制数 10（K10）转换成二进制数，再传送到目标操作数 D1 中去；当 X1 断开时，不执行 MOV 指令，数据保持不变。

六、项目实施

1. 分析控制要求

水位自动控制装置可实现无人操作缺水自动上水、水满自动停水，既方便省事又节约水电资源。当水位低于预先设定水位时，电磁阀打开进水，如果指示灯闪烁，表示出现故障。正常工作时，水位自动控制装置会自动起动抽水泵进行注水，达到一定的水位后，自动关闭抽水泵停止供水。

2. 绘制 I/O 分配表

综合上述分析，PLC 需用 4 个输入点和 2 个输出点，具体分配见表 12 - 2。

表 12 - 2　I/O 分配表

输入			输出		
元件代号	功能	输入点	元件代号	功能	输出点
S1	水塔高位界	X000	L1（KM）	电动机	Y000
S2	水塔低位界	X001			
S3	水池高位界	X002	L2（YV）	电磁阀 Y	Y001
S4	水池低位界	X003			

3. 绘制外部接线电路图

活动 1：根据 I/O 分配，画出本项目的外部接线图，如图 12 - 8 所示。

活动 2：根据外部接线图，安装外部电路。

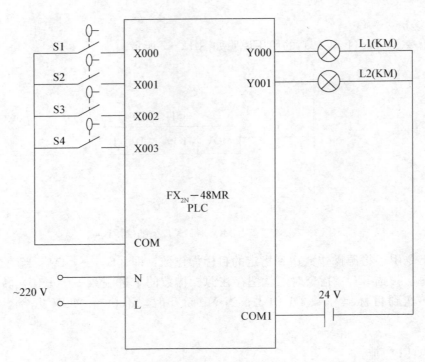

图 12 - 8　PLC 外部接线图

4. 编写系统梯形图，写出指令表

活动 1：编写水塔水位控制梯形图，如图 12 - 9 所示。

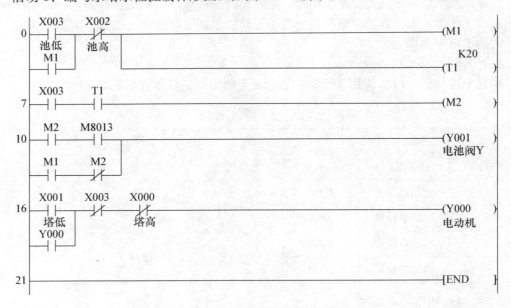

图 12 - 9　水塔水位控制梯形图

活动 2：写出水塔水位控制指令表，见表 12 - 3。

表 12-3　水塔水位控制指令表

步序	操作码	操作数	步序	操作码	操作数	步序	操作码	操作数
0	LD	X003	9	OUT	M2	16	LD	X001
1	ANI	X002	10	LD	M2	17	ANI	X003
2	OUT	M1	11	AND	M8013	18	ANI	X000
3	OR	M1	12	LD	M1	19	OUT	Y000
4	OUT	T1 K20	13	ANI	M2	20	OR	Y000
7	LD	X003	14	ORB		21	END	
8	AND	T1	15	OUT	Y001			

5. 输入梯形图程序

活动1：启动编程软件 GX Developer。

活动2：创建新工程。

活动3：输入梯形图程序。

活动4：转换梯形图程序。

活动5：保存工程。

活动6：写入程序。

6. 调试系统

活动1：通电前进行安全检查。

活动2：记录调试系统注意事项。

活动3：根据项目控制要求调试运行程序。

注：通电前进行安全检查，准确无误后才能通电。

七、项目资源

1. 水塔水位程序编写

水塔水位程序编写视频

2. 水塔水位外部接线

水塔水位外部接线视频

3. 水塔水位调试

水塔水位调试视频

八、项目评价

水塔水位项目评价，见表 12-4。

表 12-4　水塔水位项目评价表

考核项目	考核内容	配分	评分标准	扣分	得分	备注
学习知识	知识平台的自学情况	15	1. 能书写正确的 MOV 指令，5 分； 2. 能书写正确的 CMP 与 ZCP 指令，5 分； 3. 完成练习，5 分			
系统安装	1. 会选择设备模块； 2. 按图正确、规范接线	20	1. 设备模块选择错误扣 5 分； 2. 错、漏线每处扣 2 分； 3. 接线松动每处扣 2 分			
编程操作	1. 创建新工程； 2. 正确输入梯形图； 3. 正确保存工程文件	20	1. 不能建立程序新文件或建立错误扣 4 分； 2. 输入梯形图错误一处扣 2 分			
运行调试	1. 熟练运行调试系统，发现问题及时解决； 2. 通电运行系统，分析运行结果； 3. 会监控梯形图的运行情况	15	1. 不会运行调试程序扣 15 分； 2. 指令使用错误扣 5 分； 3. 系统通电操作错误一步扣 3 分； 4. 分析运行结果错误一处扣 2 分； 5. 不会监控梯形图扣 5 分			
团队协作	小组协作	5	1. 团队成员不能很好协作，有人没参与，每人扣 1 分； 2. 团队出现矛盾冲突，每次扣 2 分，最多扣 5 分			
安全生产	自觉遵守安全文明生产规程	10	违反安全操作扣 10 分			

续表

考核项目	考核内容	配分	评分标准	扣分	得分	备注
5S标准	项目实施过程体现 5S 标准	15	1. 整理不到位扣 3 分； 2. 整顿不整齐扣 3 分； 3. 清洁不干净扣 3 分； 4. 清扫不完全扣 3 分； 5. 素养不达标扣 3 分			
时间	3 小时		1. 提前正确完成，每提前 5 分钟加 2 分； 2. 不能超时			
开始时间：		结束时间：		实际时间：		

九、项目拓展

成型机的全自动控制

（1）控制要求。初始状态，把原料放入成型机内，各液压缸状态为：Y1＝Y2＝Y4＝OFF，Y3＝ON，S1＝S3＝S5＝OFF，S2＝S4＝S6＝ON。按下起动按钮后，系统动作要求如下：上液压缸 B 起动，B 的活塞开始向下运动，当 B 缸的活塞下降到终点时，左液压缸 A 和右液压缸 C 同时起动，A 缸的活塞开始向右运动，C 缸的活塞开始向左运动；当 A、C 缸的活塞到达终点时，原料已成型，各液压缸开始退回初始状态。首先，A、C 缸开始返回，当 A、C 缸返回到初始位置后，B 缸开始返回，当 B 缸返回到初始状态后，系统回到初始状态，取出成品，放入原料，10 s 后自动开始下一工件的加工。按下停止按钮，系统在当前的工件加工完毕并回到初始状态后，停止运行。

（2）按控制要求，完成 I/O 分配。

（3）按控制要求编制梯形图。

（4）上机调试并运行程序。

注：S1-A 缸右限、S2-A 缸左限、S3-B 缸下限、S4-B 缸上限、S5-C 缸左限、S6-C 缸右限。

视野拓展　PLC 传送比较指令及应用

数据传送比较类指令含比较指令、区域比较指令、传送指令、块传送指令、多点传送指令、数据交换指令、BCD 变换指令、BIN 变换指令，是数据处理类程序中使用十分频繁的指令，见表 12-5。

表 12-5　数据传送比较指令

FNC NO	指令助记符	指令名称及功能
10	CMP	比较指令
11	ZCP	区域比较指令

续表

FNC NO	指令助记符	指令名称及功能
12	MOV	传送指令
13	SMOV	位传送指令
14	CML	反相传送指令
15	BMOV	块传送指令
16	FMOV	多点传送指令
17	XCH	数据交换指令
18	BCD	BCD 码变换指令
19	BIN	BIN 码变换指令

比较指令 CMP、区域比较指令 ZCP 以及传送指令 MOV 在前面项目中已介绍，下面介绍其他几种数据传送比较类指令。

1. 位传送指令 SMOV（FNC13）

（1）位传送指令说明及梯形图表示方法。

SMOV 指令是进行数据分配与合成的指令。该指令是将源操作数中二进制（BIN）码自动转换为 BCD 码，按源操作数中指定的起始位号 m_1 和移位的位数 m_2 向目标操作数中指定的起始位 n 进行传送，目标操作数中未被移位传送的 BCD 位，数值不变，然后再自动转换成二进制（BIN）码，如图 12-10 所示。

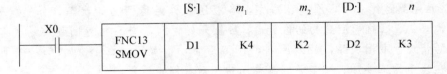

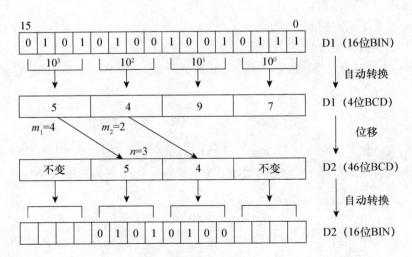

图 12-10 位传送指令的使用和说明

源操作数为负以及 BCD 码的值超过 9999 都将出现错误。

（2）位传送指令应用。

如图 12-11 所示为三位 BCD 码数字开关与不连续的输入端连接实现数据的组合。由图中程序可知，数字开关经 X20～X27 输入的 2 位 BCD 码自动以二进制形式存入 D2 中的低八位；而数字开关经 X0～X3 输入的 1 位 BCD 码自动以二进制存入 D1 中低四位。通过位传送指令将 D1 中最低位的 BCD 码传送到 D2 中的第 3 位，并自动以二进制存入 D2，实现了数据组合。

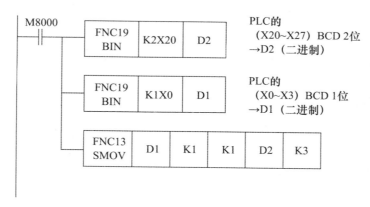

图 12-11 数字开关的数据组合

2. 反相传送指令 CML（FNC14）

（1）指令格式。

反相传送指令 CML 格式如图 12-12 所示。

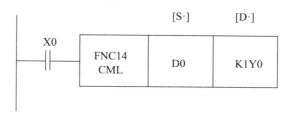

图 12-12 反相传送指令 CML 指令格式

（2）指令说明。

1）当 X0 为 ON 时，将［S］的反相送［D］，即把操作数源数据（二进制数）每位取反后送到目标操作数中。若数据源为常数时，将自动地转换成二进制数。

2）CML 为连续执行型指令，CML（P）为脉冲执行型指令。

3）本指令可作为 PLC 的反相输入或反相输出指令。

CML 指令的使用如图 12-13 所示。

3. 块传送指令 BMOV（FNC15）

块传送指令是成批传送数据，将操作数中的源数据 S 传送到目标操作数 D 中，传送的长度由 n 指定。如图 12-14 所示，当 X0 为 ON 时，将 D7、D6、D5 的内容传送到 D12、D11、D10 中。在指令格式中，操作数只写指定元件的最低位，如 D5、D10。

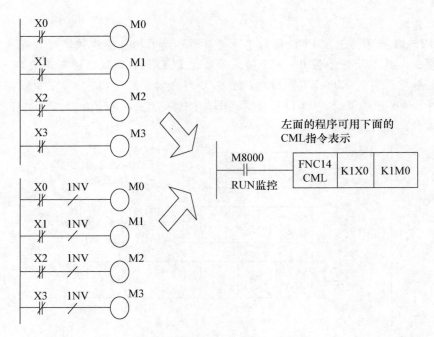

图 12 - 13　CML 指令的使用

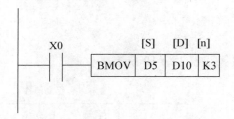

图 12 - 14　块传递指令 BMOV 格式

（1）指令格式。

操作数：

［S］：K，H、KnX、KnY、KnM、KnS、T、C、D、V、Z；

［D］：KnY、KnM、KnS、T、C、D、V、Z；

n：K、H。

（2）指令说明。

1）［S］为存放被传送的数据块的首地址；［D］为存放传送来的数据块的首地址；n为数据块的长度。

2）位元件进行传送时，源和目标操作数要有相同的位数。

3）当传送地址号重叠时，为防止在传送过程中数据丢失（被覆盖），要先把重叠地址号中的内容送出，然后再送入数据，如图 12 - 15 所示，采用①～③的顺序自动传送。

4）该指令可以连续/脉冲方式执行。

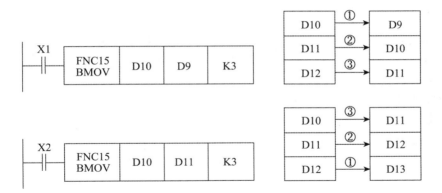

图 12－15　传送地址号重叠

如图 12－16 所示，若特殊辅助继电器 M8024 置于 ON 时，BMOV 指令的数据将从 [D]→[S]，若 M8024 为 OFF，则块传送指令恢复原来的功能。

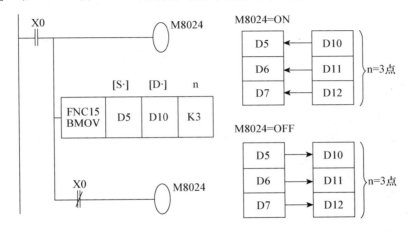

图 12－16　BMOV 指令的使用

4．多点传送指令 FMOV（FNC16）

（1）指令格式。

多点传送指令 FMOV 格式如图 12－17 所示。

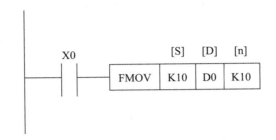

图 12－17　多点传送指令 FMOV 格式

（2）指令说明：

把 K10 传送到 D9～D0 中去。

操作数：

[S]：K、H、KnX、KnY、KnM、KnS、T、C、D、V、Z；

[D]：KnY、KnM、KnS、T、C、D；

n：K、H。

5. 数据交换指令 XCH（FNC17）

（1）指令格式。

数据交换指令 XCH 格式如图 12-18 所示。

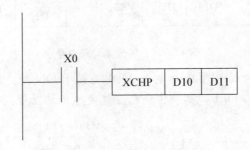

图 12-18　数据交换指令 XCH 格式

若执行前（D10）＝50、（D11）＝100，则执行后（D10）＝100、（D11）＝50。

（2）指令说明。

该指令的执行若用脉冲执行型指令［XCH（P）］，可达到一次交换数据的效果。若采用连续执行型指令［XCH］，则每个扫描周期均在交换数据，这样最后的交换结果就不能确定，编程时要注意这一情况。

当特殊继电器 M8160 接通，若［D1］与［D2］为同一地址号时，则其低 8 位与高 8 位进行交换，如图 12-19 所示。32 位指令亦相同。

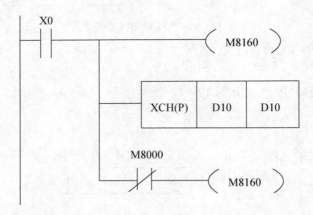

图 12-19　XCH 指令的使用

6. BCD 码变换指令（FNC18）

（1）指令格式。

BCD 码变换指令格式如图 12-20 所示。

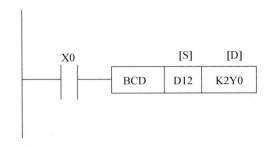

图 12 - 20 BCD 码变换指令格式

（2）指令说明。

1）BCD 变换指令是将源操作数中的二进制数变换成 BCD 码送至目标操作数中。当 X0 为 ON 时，将 D12 中的二进制数转换成 BCD 码送到输出口 Y7～Y0 中。

2）使用 BCD 或 BCD（P）16 位指令时，若 BCD 码转换结果超过 9 999 的范围就会出错。使用（D）BCD 或（D）BCD（P）32 位指令时，若 BCD 码转换结果超出 99 999 999 的范围，同样也会出错。

7．BIN 码变换指令（FNC19）

（1）指令格式。

BIN 码变换指令格式如图 12 - 21 所示。

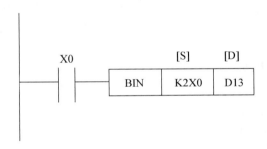

图 12 - 21 BIN 码变换指令格式

（2）指令说明。

1）BIN 指令与 BCD 指令相反，它是将 BCD 码转换成二进制数，即源操作数［S］中的 BCD 码转换成二进制数存入目标操作数［D］中。

2）当 X0 为 ON 时，源操作数 K2X0 中 BCD 码转换成二进制数送到目标操作单元 D13 中去。

3）BCD 码的数值范围：

16 位操作时为 0～9 999；

32 位操作时为 0～99 999 999。

4）如果数据源不是 BCD 码，则 M8067 为"1"，表示运算错误，同时，运算错误锁存特殊辅助继电器 M8068 不工作。

5）常数 K 自动进行二进制变换处理。

项目 13 · 机械手 PLC 控制

一、学习目标

1. 会应用基本指令及功能指令编写梯形图；
2. 会应用 ADD、SUB、MUL、DIV、INC、DEC 指令编程；
3. 能根据项目的任务要求，完成机械手的编程、调试与质量监控检测。

二、项目任务

本项目的任务是安装与调试机械手 PLC 控制系统。

1. 项目描述

自动：将"自动\手动"开关置 ON，"连续"置 OFF，按下起动按钮后，系统完成一个周期的运行，停在初始状态，若要继续运行，需再次按下起动按钮。流程如下：初始状态—起动按钮—下降—夹紧—延时 2 s—上升—右移—下降—放松—上升—左移—初始状态。

连续：将"自动\手动"和"连续"开关置 ON，按下起动按钮后，系统完成一个周期的运行，停在初始状态，延时 2 s，系统自动进入下一个周期的运行。运行过程中，按下停止按钮，系统完成当前周期的运行，停止在初始状态。流程如下：初始状态—起动按钮—下降—夹紧—延时 2 s—上升—右移—下降—放松—上升—左移—初始状态—延时 2 s—下降……

手动：将"自动\手动"开关置 OFF，机械手根据不同的命令完成相应的动作。流程如下：初始状态—"上\下"置 OFF—下限—"夹\松"置 ON—"上\下"置 ON—上限—"左\右"置 OFF—右限—"上\下"置 OFF—下限—"夹\松"置 OFF—"上\下"置 ON—上限—"左\右"置 ON—左限—初始状态。

2. 机械手运行效果视频

机械手运行效果视频

3. 项目实施流程

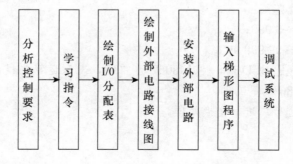

三、项目分析

机械手控制系统示意图如图 13 - 1 所示。机械手是被广泛运用于自动生产线中，能模仿人手和臂的某些动作功能，用以按固定程序抓取、搬运物件的自动操作装置。机械手控制系统包括手动、自动和连续 3 种工作方式，可以用步进指令选择分支实现。

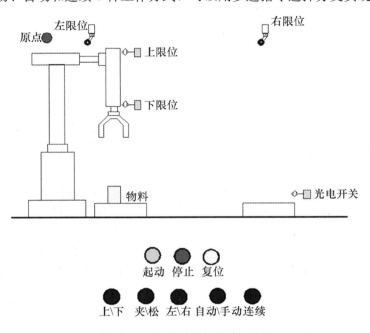

图 13 - 1　机械手控制系统示意图

四、项目设备

根据本项目的控制要求，选用学习所需工具、设备，见表 13 - 1。

表 13 - 1　实训器材表

序号	分类	名称	型号规格	数量	单位	备注
1	工具	万用表	MF47	1	只	
2	设备	电源模块	AC 220 V	1	个	
			DC 24 V	1	个	
3		电脑	HP p6 - 1199cn	1	台	
4		PLC 模块	FX_{2N}- 48MR	1	个	
5		机械手实验单元模块	SX - 801 - 10	1	个	
6		连接导线	K2 测试线	若干	条	

五、知识平台

加减乘除的四则运算均为二进制数的代数运算，下面分别介绍四则运算指令的功能及应用。

1. 加法指令 ADD（FNC20）

该指令可把两个源操作数［S1］、［S2］相加，结果存放到目标操作数［D］中，其使用说明如图 13-2 所示。

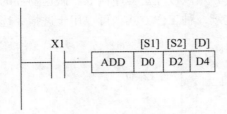

图 13-2　ADD 指令的使用说明

当 X1 闭合时，执行 ADD 指令，［S1］+［S2］→［D］，即（D0）+（D2）→（D4）。

每个数据的最高位作为符号（0 代表正数，1 代表负数）。这些数据以代数形式进行加法运算，例如 3+（−7）=−4。

如果运算结果是 0，则零标志位 M8022 为 1，运算结果超过 32 767（16 位运算）或 2 147 483 647（32 位运算），则进位标志位 M8022 置 1；如果运算结果小于−32 767（16 位运算）或−2 147 483 647（32 位运算）则借位标志位 M8021 置 1。

在 32 位运算（DADD）中，用到字元件时，被指定的字元件是低 16 位元件，而其下一个字元件即为高 16 位元件。源和目标可以用相同的元件号，这样加法的结果在每个扫描周期都会改变，如图 13-3 所示。

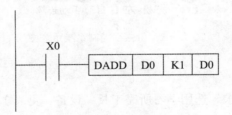

图 13-3　DADD 指令的使用说明

当 X0 由 OFF 变为 ON 时，D0 中的数据加 1，即（D0）+1→（D0）与后面的 INC 指令执行结果相似。

2. 减法指令 SUB（FNC21）

减法指令梯形图如图 13-4 所示。

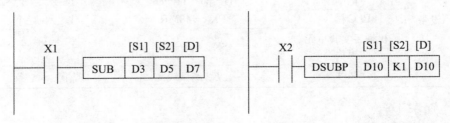

（a）指令 SUB 梯形图　　　　　　　　（b）指令 DSUBP 梯形图

图 13-4　减法指令梯形图

图 13-4（a）中，当 X1 闭合时，执行 SUB 指令，（D3）-（D5）-（D7）。减法指令标志位功能及 32 位运算元件指定方法与加法指令相同。

如图 13-4（b）所示的 DSUBP 指令执行结果与 DDECP 指令的运算相似，区别仅是前者可得到标志状态。

3. 乘法指令 MUL（FNC22）

该指令可将两个源操作数［S1］、［S2］相乘，结果存放在目标操作数［D］中，乘法指令运算梯形图如图 13-5 所示。

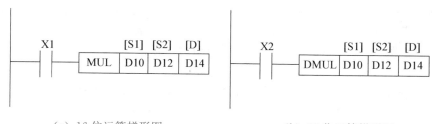

（a）16 位运算梯形图　　　　　　（b）32 位运算梯形图

图 13-5　乘法指令运算梯形图

图 13-5（a）中，当 X1 为 ON 时，执行乘法指令（MUL），D10 中的 16 位二进制数与 D12 中的 16 位二进制数相乘，结果放到 D15、D14 中去，低 16 位放在 D14 中，高 16 位放在 D15 中。若（D10=7），（D12=6），则（D15、D14）=42，最高位为符号位（0 为正，1 为负）。

如图 13-5（b）所示为 32 位运算，若目标元件使用位软元件（X、Y、M、S），只能得到低 32 位的结果，不能得到高 32 位的结果。利用字元件作目标元件时，才有 64 位的计算结果，最高位是符号位。

4. 除法指令 DIV（FNC23）

该指令可将两源操作数内容相除，结果存放到目标元件中，除法指令运算梯形图如图 13-6 所示。

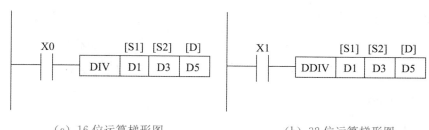

（a）16 位运算梯形图　　　　　　（b）32 位运算梯形图

图 13-6　除法指令运算梯形图

六、项目实施

1. 分析控制要求

自动：将"自动\手动"开关置 ON，"连续"置 OFF，按下起动按钮后，系统完成一个周期的运行，停在初始状态，若要继续运行，需再次按下起动按钮。流程如下：初始状态—起动按钮—下降—夹紧—延时 2 s—上升—右移—下降—放松—上升—左移—初始状态。

连续：将"自动\手动"和"连续"开关置 ON，按下起动按钮后，系统完成一个周期的运行，停在初始状态，延时 2 s，系统自动进入下一个周期的运行。运行过程中，按下停止按钮，系统完成当前周期的运行，停止在初始状态。

手动：将"自动\手动"开关置 OFF，机械手根据不同的命令完成相应的动作。流程如下：初始状态—"上\下"置 OFF—下限—"夹\松"置 ON—"上\下"置 ON—上限—"左\右"置 OFF—右限—"上\下"置 OFF—下限—"夹\松"置 OFF—"上\下"置 ON—上限—"左\右"置 ON—左限—初始状态。

2. 绘制 I/O 分配表

综合上述分析，PLC 需用 14 个输入点和 6 个输出点，具体分配见表 13-2。

表 13-2　I/O 分配表

输入			输入		
元件代号	功能	输入点	元件代号	功能	输入点
SB1	起动按钮	X000	SB3	复位按钮	X007
SB2	停止按钮	X001	SA1	"上/下"转换开关	X010
S1	上限开关	X002	SA2	"夹/松"转换开关	X011
S2	下限开关	X003	SA3	"左/右"转换开关	X012
S3	右限开关	X004	SA4	"自动/手动"转换开关	X013
S4	左限开关	X005	SA5	连续转换开关	X014
S5	光电开关	X006			
输出			输出		
元件代号	功能	输出点	元件代号	功能	输出点
L1	原点指示灯	Y004	L4	下降指示灯	Y007
L2	上升指示灯	Y005	L5	左移指示灯	Y010
L3	右移指示灯	Y006	L6	夹/松指示灯	Y011

3. 绘制外部接线电路图

活动1：根据 I/O 分配，画出本项目的外部接线图，如图 13-7 所示。

活动2：根据外部接线图，安装外部电路。

4. 编写系统梯形图，写出指令表

活动1：编写机械手控制梯形图，如图 13-8 所示。

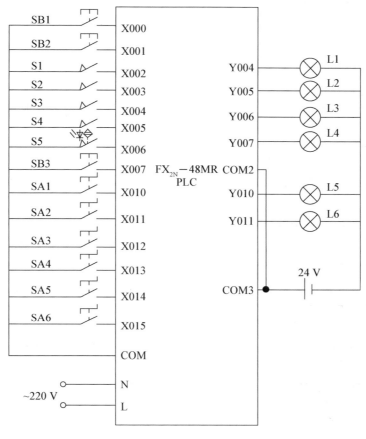

图 13-7　PLC 外部接线图

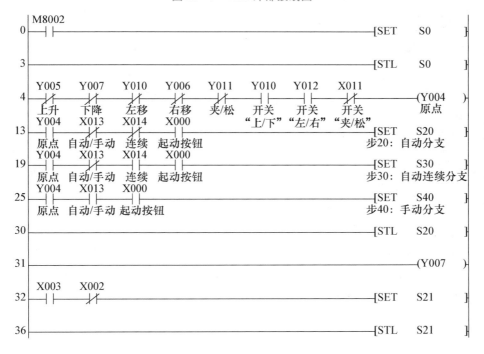

```
37 ─────────────────────────────────────────────[SET    Y011  ]

                                                        K20
    X011
38 ──┤ ├─────────────────────────────────────────────(T1    )

    X011    T1
42 ──┤ ├───┤ ├──────────────────────────────────[SET    S22   ]

46 ─────────────────────────────────────────────[STL    S22   ]

47 ─────────────────────────────────────────────────(Y005   )

    X002    X003
48 ──┤ ├───┤/├──────────────────────────────────[SET    S23   ]

52 ─────────────────────────────────────────────[STL    S23   ]

53 ─────────────────────────────────────────────────(Y006   )

    X004    X005
54 ──┤ ├───┤/├──────────────────────────────────[SET    S24   ]

58 ─────────────────────────────────────────────[STL    S24   ]

59 ─────────────────────────────────────────────────(Y007   )

    X003    X002
60 ──┤ ├───┤/├──────────────────────────────────[SET    S25   ]

64 ─────────────────────────────────────────────[STL    S25   ]

65 ─────────────────────────────────────────────[RST    Y011  ]

    X011
66 ──┤/├─────────────────────────────────────────[SET    S26   ]

69 ─────────────────────────────────────────────[STL    S26   ]

70 ─────────────────────────────────────────────────(Y005   )

    X002    X003
71 ──┤ ├───┤/├──────────────────────────────────[SET    S27   ]
```

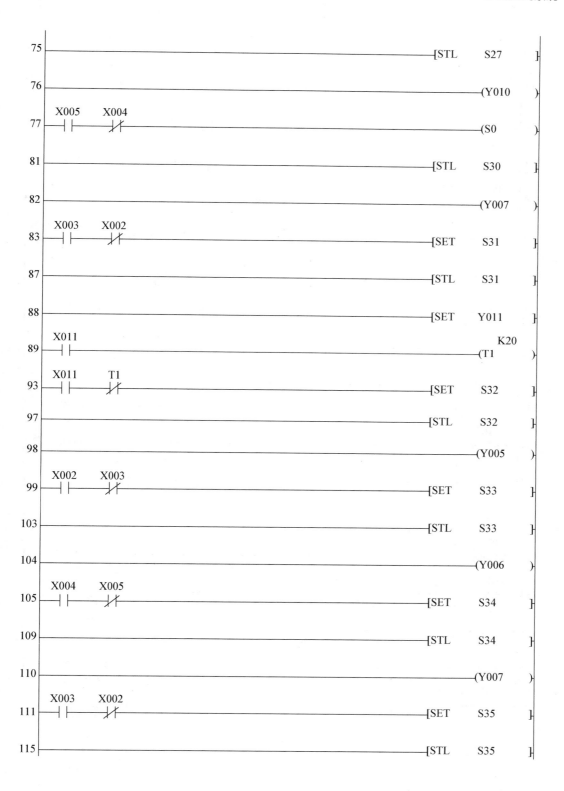

75 ────────────────────────────────────[STL   S27]

76 ────────────────────────────────────(Y010)

```
        X005   X004
77 ──────┤ ├────┤/├──────────────────────(S0    )
```

81 ────────────────────────────────────[STL   S30]

82 ────────────────────────────────────(Y007)

```
        X003   X002
83 ──────┤ ├────┤/├──────────────────────[SET   S31 ]
```

87 ────────────────────────────────────[STL   S31]

88 ────────────────────────────────────[SET   Y011]

```
        X011                                    K20
89 ──────┤ ├──────────────────────────────(T1    )
```

```
        X011    T1
93 ──────┤ ├────┤/├──────────────────────[SET   S32 ]
```

97 ────────────────────────────────────[STL   S32]

98 ────────────────────────────────────(Y005)

```
        X002   X003
99 ──────┤ ├────┤/├──────────────────────[SET   S33 ]
```

103 ───────────────────────────────────[STL   S33]

104 ───────────────────────────────────(Y006)

```
         X004   X005
105 ─────┤ ├────┤/├──────────────────────[SET   S34 ]
```

109 ───────────────────────────────────[STL   S34]

110 ───────────────────────────────────(Y007)

```
         X003   X002
111 ─────┤ ├────┤/├──────────────────────[SET   S35 ]
```

115 ───────────────────────────────────[STL   S35]

```
116 ─────────────────────────────────────────────[RST    Y011  ]

     X011
117 ──┤/├───────────────────────────────────────[SET    S36   ]

120 ─────────────────────────────────────────────[STL    S36   ]

121 ───────────────────────────────────────────────(Y005  )

     X002   X003
122 ──┤├───┤/├────────────────────────────────────[SET    S37   ]

126 ─────────────────────────────────────────────[STL    S37   ]

127 ───────────────────────────────────────────────(Y010  )

     X005   X004                                        K20
128 ──┤├───┤/├──┬──────────────────────────────────(T1   )
                │   T1
                ├──┤├──────────────────────────────(S30  )
                │   X001
                └──┤├──────────────────────────────(S0   )

141 ─────────────────────────────────────────────[STL    S40   ]

     X010
142 ──┤/├───────────────────────────────────────────(T007 )

     X003   X002
144 ──┤├───┤/├────────────────────────────────────[SET    S41   ]

148 ─────────────────────────────────────────────[STL    S41   ]

     X011
149 ──┤├─────────────────────────────────────────[SET    Y011  ]

     X011
151 ──┤├─────────────────────────────────────────[SET    S42   ]

154 ─────────────────────────────────────────────[STL    S42   ]

     X010
155 ──┤├───────────────────────────────────────────(Y005  )

     X002   X003
157 ──┤├───┤/├────────────────────────────────────[SET    S43   ]

161 ─────────────────────────────────────────────[STL    S43   ]
```

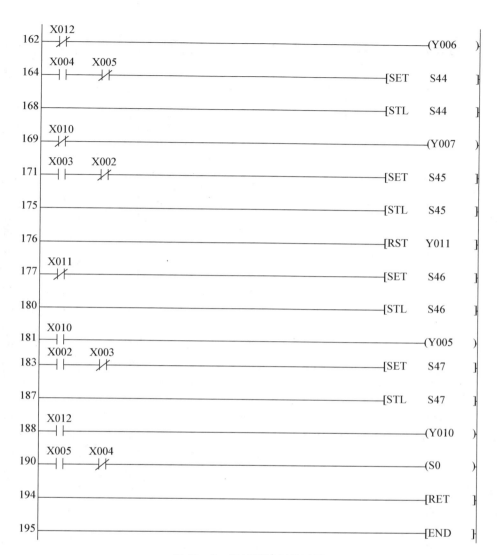

图 13-8 机械手控制梯形图

活动 2：写出机械手指令表，见表 13-3。

表 13-3 机械手指令表

步序	操作码	操作数	步序	操作码	操作数	步序	操作码	操作数
0	LD	M8002	9	AND	X010	17	SET	S20
1	SET	S0	10	AND	X012	19	LD	Y004
3	STL	S0	11	ANI	X011	20	ANI	X013
4	LDI	Y005	12	OUT	Y004	21	AND	X014
5	ANI	Y007	13	LD	Y004	22	AND	X000
6	ANI	Y010	14	ANI	X013	23	SET	S30
7	ANI	Y006	15	ANI	X014	25	LD	Y004
8	ANI	Y011	16	AND	X000	26	AND	X013

续表

步序	操作码	操作数	步序	操作码	操作数	步序	操作码	操作数
27	AND	X000	77	LD	X005	127	OUT	Y010
28	SET	S40	78	ANI	X004	128	LD	X005
30	STL	S20	79	OUT	S0	129	ANI	X004
31	OUT	Y007	81	STL	S30	130	OUT	T1 K20
32	LD	X003	82	OUT	Y007	133	MPS	
33	ANI	X002	83	LD	X003	134	AND	T1
34	SET	S21	84	ANI	X002	135	OUT	S30
36	STL	S21	85	SET	S31	137	MPP	
37	SET	Y011	87	STL	S31	138	AND	X1
38	LD	X011	88	SET	Y011	139	OUT	S0
39	OUT	T1 K20	89	LD	X011	141	STL	S40
42	LD	X011	90	OUT	T1 K20	142	LDI	X010
43	AND	T1	93	LD	X011	143	OUT	Y007
44	SET	S22	94	AND	T1	144	LD	X003
46	STL	S22	95	SET	S32	145	ANI	X002
47	OUT	Y005	97	STL	S32	146	SET	S41
48	LD	X002	98	OUT	Y005	148	STL	S41
49	ANI	X003	99	LD	X002	149	LD	X011
50	SET	S23	100	ANI	X003	150	SET	Y011
52	STL	S23	101	SET	S33	151	LD	X011
53	OUT	Y006	103	STL	S33	152	SET	S42
54	LD	X004	104	OUT	Y006	154	STL	S42
55	ANI	X005	105	LD	X004	155	LD	X010
56	SET	S24	106	ANI	X005	156	OUT	Y005
58	STL	S24	107	SET	S34	157	LD	X002
59	OUT	Y007	109	STL	S34	158	ANI	X003
60	LD	X003	110	OUT	Y007	159	SET	S43
61	ANI	X002	111	LD	X003	161	STL	S43
62	SET	S25	112	ANI	X002	162	LDI	X12
64	STL	S25	113	SET	S35	163	OUT	Y006
65	RST	Y011	115	STL	S35	164	LD	X004
66	LDI	X011	116	RST	Y11	165	ANI	X005
67	SET	S26	117	LDI	X11	166	SET	S44
69	STL	S26	118	SET	S36	168	STL	S44
70	OUT	Y005	120	STL	S32	169	LDI	X010
71	LD	X002	121	OUT	Y006	170	OUT	Y007
72	ANI	X003	122	LD	X002	171	LD	X003
73	SET	S27	123	ANI	X003	172	ANI	X002
75	STL	S27	124	SET	S37	173	SET	S45
76	OUT	Y010	126	STL	S37	175	STL	S45

续表

步序	操作码	操作数	步序	操作码	操作数	步序	操作码	操作数
176	RST	Y011	183	LD	X002	190	LD	X005
177	LDI	X011	184	ANI	X003	191	ANI	X004
178	SET	S46	185	SET	S47	192	OUT	S0
180	STL	S46	187	STL	S47	194	RET	
181	LD	X010	188	LD	X012	195	END	
182	OUT	Y005	189	OUT	Y010			

5. 输入梯形图程序

活动1：启动编程软件 GX Developer。

活动2：创建新工程。

活动3：输入梯形图程序。

活动4：转换梯形图程序。

活动5：保存工程。

活动6：写入程序。

6. 调试系统

活动1：通电前进行安全检查。

活动2：记录调试系统注意事项。

活动3：根据项目控制要求调试运行程序。

注：通电前进行安全检查，准确无误后才能通电。

七、项目资源

1. 机械手程序编写

机械手程序编写视频

2. 机械手外部接线

机械手外部接线视频

3. 机械手调试

机械手调试视频

八、项目评价

机械手项目评价，见表 13-4。

表 13-4 机械手项目评价表

考核项目	考核内容	配分	评分标准	扣分	得分	备注
学习知识	知识平台的自学情况	15	1. 能书写正确格式的 ADD、SUB \ MUL、DIV \ INC、DEC 指令，10 分； 2. 完成练习，5 分			
系统安装	1. 会选择设备模块； 2. 按图正确、规范接线	20	1. 设备模块选择错误扣 5 分； 2. 错、漏线每处扣 2 分； 3. 接线松动每处扣 2 分			
编程操作	1. 创建新工程； 2. 正确输入梯形图； 3. 正确保存工程文件	20	1. 不能建立程序新文件或建立错误扣 4 分； 2. 输入梯形图错误一处扣 2 分			
运行调试	1. 熟练运行调试系统，发现问题及时解决； 2. 通电运行系统，分析运行结果； 3. 会监控梯形图的运行情况	15	1. 不会运行调试程序扣 15 分； 2. 指令使用错误扣 5 分； 3. 系统通电操作错误一步扣 3 分； 4. 分析运行结果错误一处扣 2 分； 5. 不会监控梯形图扣 5 分			
团队协作	小组协作	5	1. 团队成员不能很好协作，有人没参与，每人扣 1 分； 2. 团队出现矛盾冲突，每次扣 2 分，最多扣 5 分			
安全生产	自觉遵守安全文明生产规程	10	违反安全操作扣 10 分			
5S 标准	项目实施过程体现 5S 标准	15	1. 整理不到位扣 3 分； 2. 整顿不整齐扣 3 分； 3. 清洁不干净扣 3 分； 4. 清扫不完全扣 3 分； 5. 素养不达标扣 3 分			
时间	3 小时		1. 提前正确完成，每提前 5 分钟加 2 分； 2. 不能超时			
开始时间：		结束时间：		实际时间：		

九、项目拓展

全自动皮带运输机

（1）控制要求。按下"开始"键，M4 首先投入运转，2 s 后 M3 运转，2 s 后 M2 运转，2 s 后 M1 运转，2 s 后料斗门打开，其指示灯 Y000 点亮，系统进入运行状态；20 s 后，料斗门自动关闭（指示灯 Y000 熄灭），2 s 后 M1 停止，2 s 后 M2 停转，2 s 后 M3 停转，2 s 后 M4 停转，此时系统进入停止状态。10 s 后 M4 自动运转，接着自动重复以上过程。运行过程中，按下"停止"键，系统按上述过程顺序停止。如图 13-9 所示。

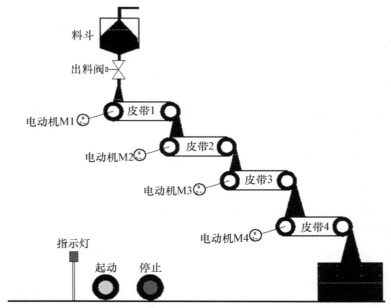

图 13-9　全自动皮带运输机

（2）按控制要求，完成 I/O 分配。

（3）按控制要求编制梯形图。

（4）上机调试并运行程序。

<h2 style="text-align:center">视野拓展　算术及逻辑运算应用指令</h2>

算术及逻辑运算指令是基本运算指令，通过算术及逻辑运算可实现数据的传送、变位及其他控制功能。前面已对基本的四则运算指令做了讲解，此处再扩展讲解一些其他指令。

一、二进制数加 1、减 1 指令

二进制数加 1 指令 INC（Increment）和减 1 指令 DEC（Decrement）的操作数均可以取 KnY、KnM、KnS、T、C、D、V 和 Z。

加 1 指令 INC（FNC24）与减 1 指令 DEC（FNC25）梯形图如图 13-10 所示。

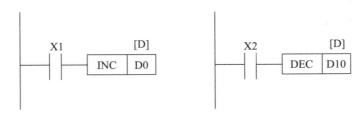

（a）加 1 指令 INC 的梯形图　　　（b）减 1 指令 DEC 的梯形图

图 13-10　加 1 与减 1 指令梯形图

图 13-10（a）中，当 X1 为 ON 时，执行 INC 指令，目标元件 [D]，即（D0）中的二进制数加 1，结果仍存放在 D0 中。16 位运算时，32 767 再加 1，其值就变为 $-32\ 767$，标志位

不置位。同样在 32 位运算中，2 147 483 647 再加 1，其值就变为 −2 147 483 648，标志位不置位。

图 13-14 (b) 中，当 X2 为 ON 时，执行 DEC 指令，目标元件 [D]，即 (D0) 中的二进制数减 1，结果仍存放在 D0 中。16 位运算时，−32 768 再减 1，其值就变为 +32 767，标志位不置位。同样在 32 位运算中，−2 147 483 648 再减 1，其值就变为 +2 147 483 647，标志位不置位。

二、字逻辑运算指令

字逻辑运算指令包括字逻辑与 WAND（word AND）、字逻辑或 WOR（word OR）、字逻辑异或 WXOR（word Exclusive OR）和求补 NEG（Negation）指令。

1. 逻辑与指令（FNC26）

逻辑与指令如图 13-11 所示。

助记符：WAND；

源操作数 [D]：K、H、KnX、KnY、KnS、KnM、T、C、D、V、Z；

目标操作数 [D]：KnY、KnS、KnM、T、C、D、V、Z；

指令功能：将两个源操作数的数据按二进制对应位相与，再将结果存入目标操作数中。

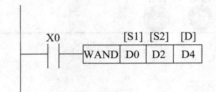

图 13-11　逻辑与指令

图 13-11 中，当 X0=1 时，WAND 指令执行，将 D0 和 D2 中的数按二进制对应位相与，结果送至 D4 中。

D0	0	0	0	0	0	0	0	0	0	0	0	1	1	0	1	1
D2	0	1	0	1	0	0	1	0	0	0	1	0	0	1	1	1
D4	0	0	0	0	0	0	0	0	0	0	0	0	0	0	1	1

2. 逻辑或指令（FNC27）

逻辑或指令如图 13-12 所示。

助记符：WOR；

源操作数 [D]：K、H、KnX、KnY、KnS、KnM、T、C、D、V、Z；

目标操作数 [D]：KnY、KnS、KnM、T、C、D、V、Z；

指令功能：将两个源操作数的数据按二进制对应位相或，再将结果存入目标操作数中。

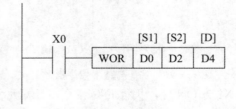

图 13-12　逻辑或指令

图 13-12 中，当 X0＝1 时，WOR 指令执行，将 D0 和 D2 中的数按二进制对应位相或，结果送至 D4 中。

D0	0	0	0	0	0	0	0	0	0	0	0	1	1	0	1	1
D2	0	1	0	1	0	0	1	0	0	0	1	0	0	1	1	1
D4	0	1	0	1	0	0	1	0	0	0	1	1	1	1	1	1

3. 逻辑异或指令（FNC28）

逻辑异或指令如图 13-13 所示。

助记符：WXOR；

源操作数 [D]：K、H、KnX、KnY、KnS、KnM、T、C、D、V、Z；

目标操作数 [D]：KnY、KnS、KnM、T、C、D、V、Z；

指令功能：将两个源操作数的数据按二进制对应位逐位进行异或运算，再将结果存入目标操作数中。

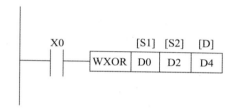

图 13-13 逻辑异或指令

图 13-13 中，当 X0＝1 时，WXOR 指令执行，将 D0 和 D2 中的数按二进制对应位逐位进行异或运算，结果送至 D4 中。

D0	0	0	0	0	0	0	0	0	0	0	0	1	1	0	1	1
D2	0	1	0	1	0	0	1	0	0	0	1	0	0	1	1	1
D4	1	1	0	1	0	0	1	0	0	0	1	1	1	1	0	0

重点提示：

逻辑与：有 0 为 0，全 1 出 1；

逻辑或：有 1 为 1，全 0 出 0；

逻辑异或：相同为 0，相异出 1。

4. 求补指令（FNC29）

求补指令如图 13-14 所示。

助记符：NEG；

目标操作数 [D]：KnY、KnS、KnM、T、C、D、V、Z；

指令功能：将目标操作数中的数据逐位取反再加 1。

图 13-14 中，当 X0＝1 时，NEGP 指令执行，将 D4 中的数据逐位取反再加 1。

重点提示：为了避免每个扫描周期都进行求补运算，求补指令往往采用脉冲执行方式。

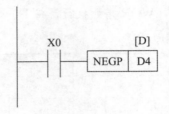

图 13-14 求补指令

项目 14 装配流水线 PLC 控制

一、学习目标

1. 会应用位左移、位右移指令编写梯形图；
2. 能熟练运用基本指令及部分功能指令编程；
3. 能根据项目的任务要求，完成装配流水线的编程、调试与质量监控检测。

二、项目任务

装配流水线系统由工位、加工站、入库站组成。工件从左边工位装入，经过加工站的各个环节，最后送入仓库，如图 14-1 所示。本项目的任务是安装与调试装配流水线 PLC 控制系统。

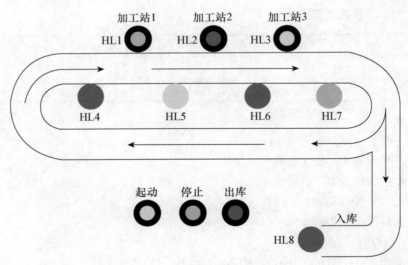

图 14-1 装配流水线示意图

1. 项目描述

结合全自动装配流水线的运行控制要求，运用可编程控制器的强大功能，实现模拟控制，具体控制要求如下：

按下起动按钮系统运行，按下停止按钮系统停止。闭合开关 S 表示工件原料开始进入传送带。加工共有 8 个环节，系统要求每 4 s 经过一个环节。工件原料从左边工位 HL4 开始加工，依次经过加工站 HL1、工位 HL5、加工站 HL2、工位 HL6、加工站 HL3、工位 HL7，加工完成后，工件送入仓库 HL8。

2. 装配流水线运行效果视频

装配流水线运行效果视频

3. 项目实施流程

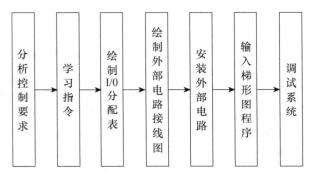

三、项目分析

按下 SB1（起动按钮），闭合 S（进料开关），流水线按照 HL4→ HL1 → HL5→ HL2 → HL6 → HL3 → HL7→ HL8 顺序自动循环执行；在任意状态按下停止按钮系统停止；断开 S，工件原料停止进入。

加工控制：必须是系统起动后才能产生进料信号。

时间间隔控制：这里是 4 s 完成一个加工环节，我们可以用两个定时器构成一个 4 s 振荡时钟。

流水线移位控制：在系统起动后，工件原料依次从 Y0 移动到 Y7。可以使用位左移指令 SFTL，移位长度定为 8 位，即移动 K2Y0，每收到一次脉冲，K2Y0 左移一位。如果按下停止按钮，移位指令不能执行移位，这样 PLC 保持当前输出，系统停止。

四、项目设备

根据本项目的控制要求，选用学习所需工具、设备，见表 14-1。

表 14-1　实训器材表

序号	分类	名称	型号规格	数量	单位	备注
1	工具	万用表	MF47	1	只	

续表

序号	分类	名称	型号规格	数量	单位	备注
2	设备	电源模块	AC 220 V	1	个	
			DC 24 V	1	个	
3		电脑	HP p6 – 1199cn	1	台	
4		PLC 模块	FX$_{2N}$ – 48MR	1	个	
5		装配流水线实验单元模块	SX – 801B	1	个	
6		开关、按钮板	SX – 801B	1	个	
7		连接导线	K2 测试线	若干	条	

五、知识平台

移位操作指令是常用的指令，它分为按位移位操作、循环移位指令两大类。其功能为将操作数的所有位按操作指令规定的方式移动 n 位，将其结果送入返回值。在三菱 FX 系列 PLC 使用过程中经常会用到循环和移位指令，包括 ROR 循环右移、ROL 循环左移、RCR 带进位循环右移、RCL 带进位循环左移、SFTR 位右移、SFTL 位左移、WSFR 字右移、WSFL 字左移、SFWR 移位写入和 SFRD 移位读出。在 FX 系列 PLC 中默认这些指令操作数为 16 位运算，要进行 32 位运算可以通过在指令前加 D 指定，如：DROR，DROL。IEC61131 是第一个关于 PLC 编程技术的国际标准，其中 IEC61131 – 3 标准规定移位指令为：按位左移 SHL、按位右移 SHR、循环左移 ROL、循环右移 ROR。

表 14 – 2　移位操作指令

FNC No.	指令记号	符号	功能
30	ROR	ROR D n	循环右移
31	ROL	ROL D n	循环左移
32	RCR	RCR D n	带进位循环右移
33	RCL	RCL D n	带进位循环左移
34	SFTR	SFTR S D n1 n2	位右移
35	SFTL	SFTL S D n1 n2	位左移
36	WSFR	WSFR S D n1 n2	字右移
37	WSFL	WSFL S D n1 n2	字左移

续表

FNC No.	指令记号	符号	功能
38	SFWR	⊢⊩—[SFWR │ S │ D │ n]—	移位写入［先入先出/先入后出控制用］
39	SFRD	⊢⊩—[SFRD │ S │ D │ n]—	移位读出［先入先出控制用］

我们可以根据需要合理选择指令，下面以 ROR、ROL、SFTR、SFTL 4 条指令作为例子介绍：ROR 循环右移时，将最低位重新放置最高位；ROL 循环左移时，将最高位重新放置最低位；SFTR 位右移时，最低位丢失，最高位补 0；SFTL 位左移时，最高位丢失，最低位补 0。

例：

原数据：　　　　　　　　　1010100010101001

一次移动一位后：

ROR 循环右移一位结果为：　1101010001010100

ROL 循环左移一位结果为：　0101000101010011

SFTR 位右移一位结果为：　　0101010001010100

SFTL 位左移一位结果为：　　0101000101010010

六、项目实施

1. 分析控制要求

输入部分：系统起停需要用 2 个按钮，1 个出库按钮。输出部分：4 个工位，3 个加工站，1 个入库站。

2. 绘制 I/O 分配表

综合上述分析，PLC 需用 3 个输入点和 8 个输出点，具体分配见表 14 - 3。

表 14 - 3　I/O 分配表

输入			输出		
设备名称	软元件编号	说明	设备名称	软元件编号	说明
SB1	起动按钮	X000	L4	工位 HL4	Y000
			L1	加工站 HL1	Y001
SB2	停止按钮	X001	L5	工位 HL5	Y002
			L2	加工站 HL2	Y003
			L6	工位 HL6	Y004
S	进料开关	X002	L3	加工站 HL3	Y005
			L7	工位 HL7	Y006
			L8	入库 HL8	Y007

3. 绘制外部接线电路图

活动 1：根据 I/O 分配，画出本项目的外部接线图，如图 14 - 2 所示。

活动 2：根据外部接线图，安装外部电路。

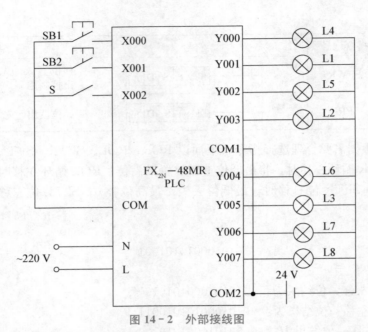

图 14-2　外部接线图

4. 编写系统梯形图，写出指令表

活动 1：根据装配流水线控制要求，合理编写梯形图，如图 14-3 所示。

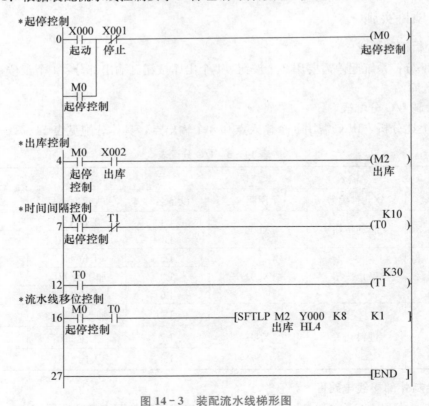

图 14-3　装配流水线梯形图

活动 2：写出装配流水线指令表，见表 14-4。

表 14 - 4 指令表

步序	操作码	操作数	步序	操作码	操作数	步序	操作码	操作数
0	LD	X000	6	OUT	M2	16	LD	M0
1	OR	M0	7	LD	M0	17	ANI	T0
2	ANI	X001	8	ANI	T1	18	SFTLP	M2 Y0 K8 K1
3	OUT	M0	9	OUT	T0 K10	27	END	
4	LD	M0	12	LD	T0			
5	AND	X002	13	OUT	T1 K30			

5. 输入梯形图程序

活动 1：启动编程软件 GX Developer。

活动 2：创建新工程。

活动 3：输入梯形图程序。

活动 4：转换梯形图程序。

活动 5：保存工程。

活动 6：写入程序。

6. 调试系统

活动 1：通电前进行安全检查。

活动 2：记录调试系统注意事项。

活动 3：根据项目控制要求调试运行程序。

注：通电前进行安全检查，准确无误后才能通电。

七、项目资源

1. 装配流水线程序编写

装配流水线程序编写视频

2. 装配流水线外部接线

装配流水线外部接线视频

3. 装配流水线调试

装配流水线调试视频

八、项目评价

装配流水线项目评价，见表 14-5。

表 14-5　装配流水线项目评价表

考核项目	考核内容	配分	评分标准	扣分	得分	备注
学习知识	知识平台的自学情况	15	1. 能书写正确的位左移、位右移指令，5分； 2. 会熟练运用多种指令，5分； 3. 能对装配流水线系统进行任务分析，5分			
系统安装	1. 会选择设备模块； 2. 按图正确、规范接线	20	1. 设备模块选择错误扣5分； 2. 错、漏线每处扣2分； 3. 接线松动每处扣2分			
编程操作	1. 创建新工程； 2. 正确输入梯形图； 3. 正确保存工程文件	20	1. 不能建立程序新文件或建立错误扣4分； 2. 输入梯形图错误一处扣2分			
运行调试	1. 熟练运行调试系统，发现问题及时解决； 2. 会使用位左移、位右移指令编程； 3. 通电运行系统，分析运行结果； 4. 会监控梯形图的运行情况	15	1. 不会运行调试程序扣15分； 2. 指令使用错误扣5分； 3. 系统通电操作错误一步扣3分； 4. 分析运行结果错误一处扣2分； 5. 不会监控梯形图扣5分			
团队协作	小组协作	5	1. 团队成员不能很好协作，有人没参与，每人扣1分； 2. 团队出现矛盾冲突，每次扣2分，最多扣5分			
安全生产	自觉遵守安全文明生产规程	10	违反安全操作扣10分			
5S标准	项目实施过程体现5S标准	15	1. 整理不到位扣3分； 2. 整顿不整齐扣3分； 3. 清洁不干净扣3分； 4. 清扫不完全扣3分； 5. 素养不达标扣3分			
时间	3小时		1. 提前正确完成，每提前5分钟加2分； 2. 不能超时			
开始时间：		结束时间：		实际时间：		

九、项目拓展

装配流水线 PLC 控制

某传送带共有 8 个环节：4 个大工位，3 个加工站，1 个入库站。工件原料每隔 10 s 从右边工位自动装入，流水线每 3 s 经过一个环节，当闭合开关 S 时产品才送入仓库，否则工件一直在流水线上循环。

控制要求：

（1）按下起动按钮，装配流水线开始自动运行。

（2）工件从右边工位装入，每 3 s 经过一个环节。

（3）闭合开关 S 表示工件已经变成成品，需要入库。

项目 15　自动送料装车 PLC 控制

一、学习目标

1. 会应用触点比较指令编写梯形图；
2. 能根据项目的任务要求，完成自动送料车的编程、调试与质量监控检测。

二、项目任务

自动送料装车系统由进出料阀、皮带输送机、数码管、指示灯组成，如图 15 - 1 所示。数码管用来显示目前设定的装料时间，必须确认货车到位后储罐才能开始出料，指示灯指示目前系统工作状态。本项目的任务是安装与调试自动送料装车 PLC 控制系统。

1. 项目描述

某材料加工企业要完成自动送料装车系统的控制，其具体控制要求如下：

（1）检查货车是否到位，若货车到位，则进入装料程序。

（2）手动设定装料时间，设定范围为 0～9 s，用七段数码管显示，断电后保持。

（3）设定完时间后按下起动按钮，打开出料阀，并同时起动 3 条传送带。装料完成后，系统关闭。

（4）在系统运行时，储罐应当尽量保持满料状态，即储罐不满就打开进料阀。

（5）在系统运行时红灯闪烁表示正在装料，绿灯闪烁表示装料完成。

（6）按下停止按钮，系统停止。

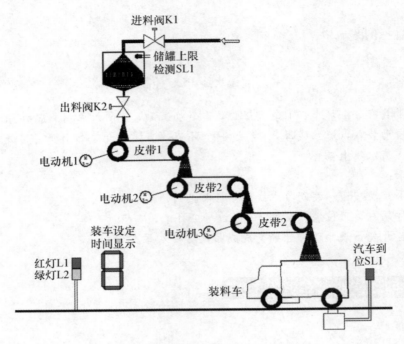

图 15 - 1　自动送料车工作示意图

2. 自动送料装车运行效果视频

自动送料装车运行效果视频

3. 项目实施流程

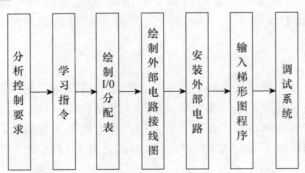

三、项目分析

（1）设定时间要用到定时器 T，这里可以用 T0，T0 的数值由数据寄存器 D 指定。由于任务要求断电后保持，我们要用到断电保持型数据寄存器 D200～D511 其中一个。

（2）设定时间可以用加法指令 ADD 和减法指令 SUB 对 D200 进行操作。

（3）时间只能为 0～9 s，所以可以用比较指令 LD 对 D200 进行操作；当时间设定小于 0 时要令 D200 为 0；当时间设定大于 9 时要令 D200 为 9。

（4）七段数码管可以用 SEGD 指令来显示目前时间。

（5）用位置开关检测储罐是否满料，如果未满料就打开进料阀，这样就可以满足尽量保持满料的要求。

（6）按下起动按钮后，用货车到位开关控制进入装料程序，并复位装料完成标志。

（7）如果未装料就需要控制出料电磁阀和 3 条传送带导通，可以用装料完成标志动断触点表示未完成状态，并用出料阀控制红灯闪烁表示正在装料，闪烁可用 M8013 特殊辅助继电器控制。

（8）用出料阀触点导通时间来计算装料时间，时间等于设定时间时置位装料完成标志。

（9）用装料完成标志来控制绿灯闪烁，闪烁用 M8013 特殊辅助继电器控制。

（10）按下停止按钮后系统停止，可以用到主控指令 MC 和 MCR。

四、项目设备

根据本项目的控制要求，选用学习所需工具、设备，见表 15 - 1。

表 15 - 1 实训器材表

序号	分类	名称	型号规格	数量	单位	备注
1	工具	万用表	MF47	1	只	
2	设备	电源模块	AC 220 V	1	个	
			DC 24 V	1	个	
3		电脑	HP p6 - 1199cn	1	台	
4		PLC 模块	FX$_{2N}$ - 48MR	1	个	
5		自动送料装车实验单元模块	SX - 801B	1	个	
6		开关、按钮板	SX - 801B	1	个	
7		连接导线	K2 测试线	若干	条	

五、知识平台

FNC220～FNC249 是使用 LD、AND、OR 触点符号进行触点比较的指令，见表 15 - 2。

表 15 - 2 触点比较指令

FNC. N0	指令助记符	指令名称
224	LD=	触点比较指令运算开始 S1＝S2 时导通
225	LD＞	触点比较指令运算开始 S1＞S2 时导通
226	LD＜	触点比较指令运算开始 S1＜S2 时导通

续表

FNC. N0	指令助记符	指令名称
228	LD<>	触点比较指令运算开始 S1≠S2 时导通
229	LD≤	触点比较指令运算开始 S1≤S2 时导通
230	LD≥	触点比较指令运算开始 S1≥S2 时导通
232	AND=	触点比较指令串联连接 S1＝S2 时导通
233	AND>	触点比较指令串联连接 S1>S2 时导通
234	AND<	触点比较指令串联连接 S1<S2 时导通
236	AND<>	触点比较指令串联连接 S1≠S2 时导通
237	AND≤	触点比较指令串联连接 S1≤S2 时导通
238	AND≥	触点比较指令串联连接 S1≥S2 时导通
240	OR=	触点比较指令并联连接 S1＝S2 时导通
241	OR>	触点比较指令并联连接 S1>S2 时导通
242	OR<	触点比较指令并联连接 S1<S2 时导通
244	OR<>	触点比较指令并联连接 S1≠S2 时导通
245	OR≤	触点比较指令并联连接 S1≤S2 时导通
246	OR≥	触点比较指令并联连接 S1≥S2 时导通

六、项目实施

1. 分析控制要求

输入部分：系统起停需要用 2 个按钮，时间设定可以加减，要用 2 个按钮，储罐上限位检测要用一个传感器，货车到位检测需要用行程开关。输出部分：一个出料阀、一个进料阀、3 个皮带输送机各用一个中间继电器，红灯绿灯，七段数码。

2. 绘制 I/O 分配表

综合上述分析，PLC 需用 6 个输入点和 14 个输出点，具体分配见表 15 - 3。

表 15 - 3 I/O 分配表

输入			输出		
设备名称	软元件编号	说明	设备名称	软元件编号	说明
SB1	起动按钮	X000	L3 （YV1）	出料阀	Y000
			L4 （KM1）	皮带传送机 M1	Y001
SB2	停止按钮	X001	L5 （KM2）	皮带传送机 M2	Y002
			L6 （KM3）	皮带传送机 M3	Y003
SB3	加时按钮	X002	L7 （YV2）	进料阀	Y004
			L2	绿灯	Y005

续表

输入			输出		
设备名称	软元件编号	说明	设备名称	软元件编号	说明
SB4	减时按钮	X003	L1	红灯	Y006
			a	数码管 a 段	Y010
S1	储罐上限	X004	b	数码管 b 段	Y011
			c	数码管 c 段	Y012
			d	数码管 d 段	Y013
S2	汽车到位	X005	e	数码管 e 段	Y014
			f	数码管 f 段	Y015
			g	数码管 g 段	Y016

3. 绘制外部接线电路图

活动 1：根据 I/O 分配，画出本项目的外部接线图，如图 15-2 所示。

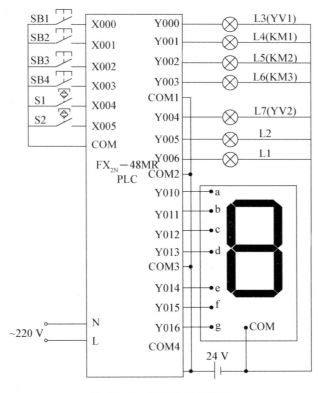

图 15-2　PLC 外部接线图

活动 2：根据外部接线图，安装外部电路。

4. 编写系统梯形图，写出指令表

活动 1：根据自动送料装车控制要求，编写合理的梯形图，如图 15-3 所示。

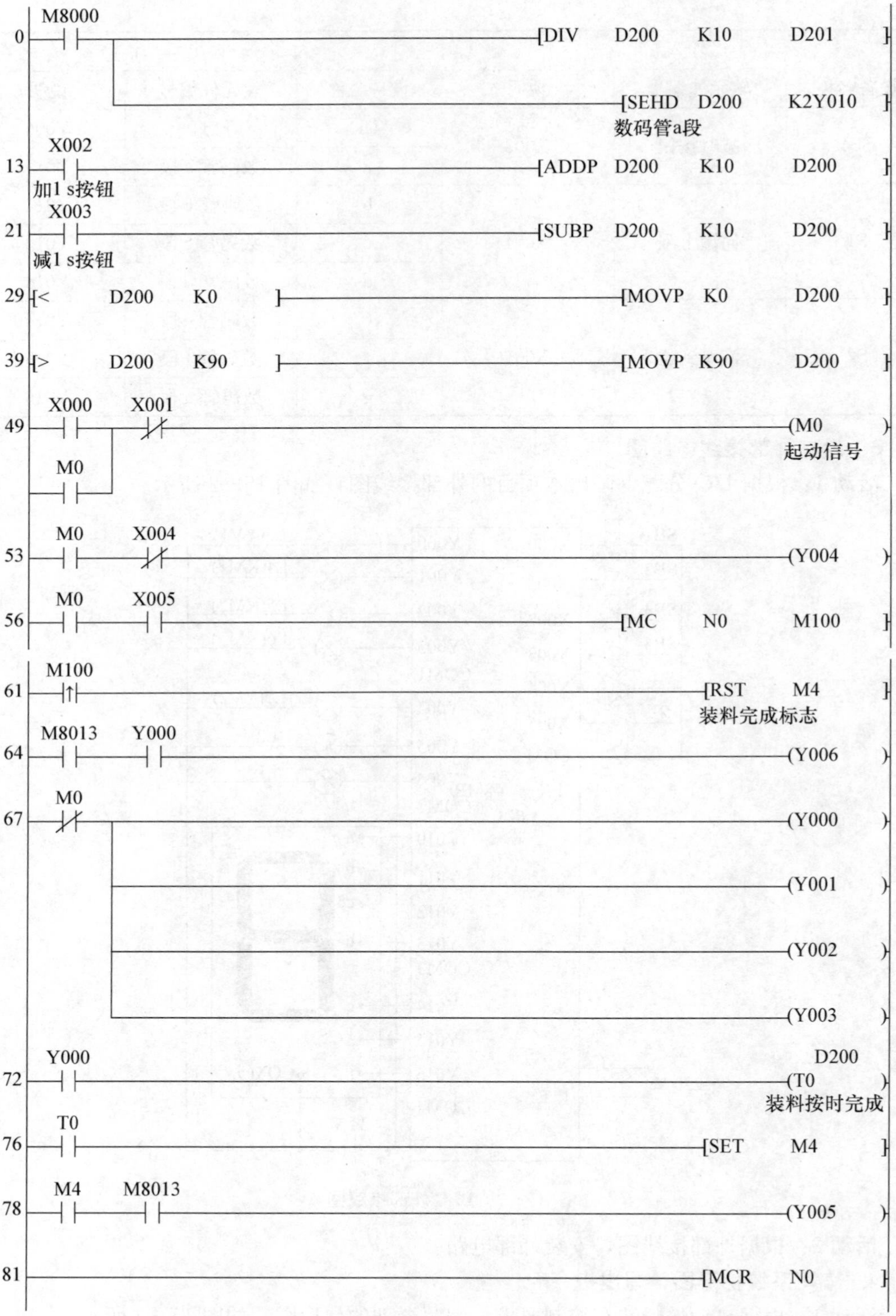

```
        M8000
   0    ├─┤├──────────────────────────────────[DIV    D200    K10      D201    ]
        │                                        ├─────────────────────────────
        │   └────────────────────────────────[SEHD   D200    K2Y010           ]
        │                                        数码管a段
        X002
  13    ├─┤├──────────────────────────────────[ADDP   D200    K10      D200    ]
        加1 s按钮
        X003
  21    ├─┤├──────────────────────────────────[SUBP   D200    K10      D200    ]
        减1 s按钮
  29    ├[<    D200    K0      ]──────────────[MOVP   K0      D200             ]

  39    ├[>    D200    K90     ]──────────────[MOVP   K90     D200             ]

        X000    X001
  49    ├─┤├────┤/├──────────────────────────────────────────────────(M0      )
        │                                                              起动信号
        M0
        ├─┤├──┤
        M0      X004
  53    ├─┤├────┤/├──────────────────────────────────────────────────(Y004    )
        M0      X005
  56    ├─┤├────┤├───────────────────────────────────────[MC    N0     M100    ]

        M100
  61    ├─↑├──────────────────────────────────────────────[RST   M4             ]
                                                            装料完成标志
        M8013   Y000
  64    ├─┤├────┤├───────────────────────────────────────────────────(Y006    )
        M0
  67    ├─┤/├─────┬────────────────────────────────────────────────(Y000    )
              │
              ├────────────────────────────────────────────────(Y001    )
              │
              ├────────────────────────────────────────────────(Y002    )
              │
              └────────────────────────────────────────────────(Y003    )
        Y000                                                        D200
  72    ├─┤├────────────────────────────────────────────────────────(T0      )
                                                                  装料按时完成
        T0
  76    ├─┤├──────────────────────────────────────────────[SET   M4             ]
        M4      M8013
  78    ├─┤├────┤├───────────────────────────────────────────────────(Y005    )

  81    ├──────────────────────────────────────────────────[MCR   N0             ]
```

图 15 - 3　自运送料装车梯形图

活动 2：写出自动送料装车指令表，见表 15 - 4。

表 15 - 4　指令表

步序	操作码	操作数	步序	操作码	操作数	步序	操作码	操作数
0	LD	M8000	51	ANI	X001	68	OUT	Y000
1	DIV	D200 K10 D201	52	OUT	M0	69	OUT	Y001
8	SEGD	D201 K2Y10	53	LD	M0	70	OUT	Y002
13	LD	X002	54	ANI	X004	71	OUT	Y003
14	ADDP	D200 K10 D200	55	OUT	Y004	72	LD	Y000
21	LD	X003	56	LD	M0	73	OUT	T0 D200
22	SUBP	D200 K10 D200	57	AND	X005	76	LD	T0
29	LD<	D200 K0	58	MC	N0 M100	77	SET	M4
34	MOVP	K0 K200	61	LDP	X005	78	LD	M4
39	LD>	D200 K90	63	RST	M4	79	AND	M8013
44	MOVP	K90 D200	64	LD	M8013	80	OUT	Y005
44	MOVP	K90 D200	65	AND	Y000	81	MCR	N0
49	LD	X000	66	OUT	Y006	83	END	
50	OR	M0	67	LDI	M4			

5. 输入梯形图程序

活动 1：启动编程软件 GX Developer。

活动 2：创建新工程。

活动 3：输入梯形图程序。

活动 4：转换梯形图程序。

活动 5：保存工程。

活动 6：写入程序。

6. 调试系统

活动 1：通电前进行安全检查。

活动 2：记录调试系统注意事项。

活动 3：根据项目控制要求调试运行程序。

注：通电前进行安全检查，准确无误后才能通电。

七、项目资源

1. 自动送料装车程序编写

自动送料装车程序编写视频

2. 自动送料装车外部接线

自动送料装车外部接线视频

3. 自动送料装车调试

自动送料装车调试视频

八、项目评价

自动送料装车项目评价，见表 15 - 5。

表 15 - 5　自动送料装车项目评价表

考核项目	考核内容	配分	评分标准	扣分	得分	备注
学习知识	知识平台的自学情况	15	1. 能书写正确格式的触点比较指令，5分； 2. 会分析自动送料装车控制要求，5分； 3. 会绘制项目要求 I/O 分配表，5分			
系统安装	1. 会选择设备模块； 2. 按图正确、规范接线	20	1. 设备模块选择错误扣5分； 2. 错、漏线每处扣2分； 3. 接线松动每处扣2分			
编程操作	1. 创建新工程； 2. 正确输入梯形图； 3. 正确保存工程文件	20	1. 不能建立程序新文件或建立错误扣4分； 2. 输入梯形图错误一处扣2分			
运行调试	1. 熟练运行调试系统，发现问题及时解决； 2. 合理应用指令编程； 3. 通电运行系统，分析运行结果； 4. 会监控梯形图的运行情况	15	1. 不会运行调试程序扣15分； 2. 指令使用错误扣5分； 3. 系统通电操作错误一步扣3分； 4. 分析运行结果错误一处扣2分； 5. 不会监控梯形图扣5分			
团队协作	小组协作	5	1. 团队成员不能很好协作，有人没参与，每人扣1分； 2. 团队出现矛盾冲突，每次扣2分，最多扣5分			

续表

考核 项目	考核内容	配分	评分标准	扣分	得分	备注
安全 生产	自觉遵守安全文明生产规程	10	违反安全操作扣 10 分			
5S 标准	项目实施过程体现 5S 标准	15	1. 整理不到位扣 3 分； 2. 整顿不整齐扣 3 分； 3. 清洁不干净扣 3 分； 4. 清扫不完全扣 3 分； 5. 素养不达标扣 3 分			
时间	3 小时		1. 提前正确完成，每提前 5 分钟加 2 分； 2. 不能超时			
开始时间：		结束时间：		实际时间：		

九、项目拓展

自动送料车装料速度可调控制

（1）控制要求：

1）装料模式可以设定 3 种速度：快速（3 s）、中速（6 s）、慢速（9 s）。

2）如果未满料，储罐需要先进料。

3）确认货车到位后储罐才能开始出料。

4）3 条传送带同时起停。

5）需要指示灯指示目前系统工作状态，装料中红灯闪烁，装料完成绿灯闪烁。

（2）按控制要求，完成 I/O 分配。

（3）按控制要求编制梯形图。

（4）上机调试并运行程序。

参考文献

1. 汤白春. PLC 原理及应用技术 [M]. 北京：高等教育出版社，2006.

2. 钟肇新，范建东，冯太合. 可编程序控制器原理及应用 [M]. 广州：华南理工大学出版社，2008.

3. 杨少光. 可编程控制器应用基础 [M]. 广东：广东高等教育出版社，2005.

4. 李乃夫. PLC 技术及应用——项目式教学 [M]. 北京：高等教育出版社，2012.

5. 初厚绪，薛凯. PLC 技术应用 [M]. 2 版. 北京：高等教育出版社，2015.

6. 常斗南，翟津. 三菱 PLC 控制系统综合应用技术 [M]. 北京：机械工业出版社，2012.

7. 韩相争. 三菱 FX 系列 PLC 编程速成全图解 [M]. 北京：化学工业出版社，2015.

8. 蔡杏山. PLC、变频器与触摸屏技术 [M]. 北京：化学工业出版社，2015.

9. 向晓汉. 三菱 FX 系列 PLC 完全精通教程 [M]. 北京：机械工业出版社，2012.

10. 张永飞，姜秀玲. PLC 及应用 [M]. 大连：大连理工大学出版社，2009.

11. 吴启红. 可编程序控制系统设计技术 [M]. 北京：机械工业出版社，2012.

12. 张豪. 三菱 PLC 应用案例解析 [M]. 北京：中国电力出版社，2012.

13. 蒋思中，刘东海，白雪. PLC 控制系统设计、编程与调试 三菱 [M]. 北京：北京理工大学出版社，2018.

14. 周永坤. 三菱 FX2N 系列 PLC 应用技术 [M]. 杭州：浙江大学出版社，2017.

15. 王永红. 可编程控制器原理及应用 [M]. 北京：电子工业出版社，2018.

16. 杨少光. 机电一体化设备组装与调试备赛指导 [M]. 北京：高等教育出版社，2012.

17. 程子华. PLC 原理与编程实例分析 [M]. 北京：国防工业出版社，2006.

18. 李志谦. PLC 项目式教学、竞赛与工程实践 [M]. 北京：机械工业出版社，2012.

19. 李响初，等. 图解三菱 PLC、变频器与触摸屏综合应用［M］. 2 版. 北京：机械工业出版社，2016.

20. 赵华军，唐国兰. 可编程控制器技术应用［M］. 广州：华南理工大学出版社，2009.

FX₂N 系列 PLC 的性能技术指标

项目		规格
运算控制方法		对存储的程序反复扫描的方式（专用 LSI），中断指令
I/O 控制方式		批处理方式（在执行 END 指令时），但有 I/O 刷新指令
运算处理速度		基本指令：0.08 μs 指令。功能指令：（1.52 μs～数百 μs）/指令
编程语言		梯形图、指令图、步进梯形图（可用 SFC 表示）
程序容量		内附 8 K 步起，最大 16 K 步（可选 RAM、RPROM、E²PROM 储存器）
指令数目		基本指令 27 个，步指令 2 个，应用指令 128 个（298 个）
输入继电器 X		X000～X267（八进制数）（184 点）
输出继电器 Y		Y000～Y267（八进制数）（184 点）
辅助继电器 M	一般	M0～M499　500 点
	锁存	M500～M1023（524 点），M1024～M3071（2 048 点）
	特殊	M8000～M8255（265 点）
状态继电器 S	初始化	S0～S99（10 点）
	一般	S10～S499（500 点）
	锁存	S500～S899（400 点）
	报警	S900～S999（100 点）
定时器 T	100 ms	T0～T199（200 点）（0.1～326.7 s）
	10 ms	T200～T245（46 点）（0.01～327.67 s）
	1 ms（保持型）	T246～T249（4 点）（0.001～32.767 s）
	100 ms（保持型）	T250～T255（6 点）（0.1～3 276.7 s）

续表

项目		规格
计数器 C	16 位一般	C0～C99（100 点）（0～32 767）
	16 位存储	C100～C199（100 点）（0～32 767）
	32 位一般	C200～C219（20 点）（−2 147 483 648～＋2 147 483 647）
	32 位锁存	C220～C234（15 点）（−2 147 483 648～＋2 147 483 647）
	高速	C235～C255（21 点）
数据寄存器 D	一般	D0～D199（200 点）
	锁存	D200～D7999（7 800 点）
	文件寄存器	D1000～D7999（7 000 点）（每 500 个点为一个子文件寄存器）
	特殊	S900～S999（100 点）
	变址	V0～V7，Z0～Z7（16 点）
指针	跳转、调用	P0～P127（128 点）
	中断	I0□～I8□（9 点）（输入中断、计时中断）
		I010～I060（6 点）（计数中断）
	变址	N0～N7（8 点）
常数	十进制 K	16 位：−32 768～32 767、32 位：−2 147 483 648～＋2 147 483 647
	十六进制 H	16 位：0～FFFF、32 位：0～FFFFFFFF

附录 2

FX_{2N} 系列 PLC 的特殊辅助继电器

1. PLC 状态

编号	名称	动作功能	编号	名称	寄存器内容
M8000	RUN 监控动合触点	RUN 时为 ON 状态	D8000	监视定时器	初始值 100 ms
M8001	RUN 监控动断触点	RUN 时为 OFF 状态	D8001	PLC 型号及版本	例如：24 100 "24"——FX_{2N} "100"——版本号 1.00
M8002	初始脉冲动合触点	RUN 后一个扫描周期为 ON 状态	D8002	寄存器容量	0002——2K 步 0004——4K 步 0008——8K 步 0016——16K 步
M8003	初始脉冲动断触点	RUN 后一个扫描周期为 OFF 状态	D8003	寄存器类型	00H——FX-RAM 01H——FX-EPROM 02H——FX-E² PROM (保护为 OFF) 0AH——FX-E² PROM (保护为 ON)
M8004	发生错误	当 M8060～M8067 中任意一个处于 ON 状态时动作 (M8062 除外)	D8004	错误 M 编号	M8060～M8067 (M8004 为 ON 状态时)
M8005	电池电压过低	当电池电压异常过低时动作	D8005	电池电压	电池电压的当前值 (0.1 V 为单位)，例如：3.6 V
M8006	电池电压过低锁存	检测电池电压过低，若为 ON 状态，则将其值锁存	D8006	电池电压过低检测	初始值 3.0 (0.1 V 为单位)。电源为 ON 状态时，由系统 ROM 传送

续表

编号	名称	动作功能	编号	名称	寄存器内容
M8007	电源瞬停检测	M8007 为 ON 状态的时间比 D8008 中数据短，则 PC 将继续运行	D8007	瞬停次数	保存 M8007 的动作（ON 状态）次数。当电源切断时，该数值将被清除
M8008	停电检测	当 M8008 由 ON 状态→OFF 状态，复位	D8008	停电检测时间	AC 电源型：初始值 10 ms
M8009	DC 24 V 断电	扩展单元、扩展模块出现 DC 24 V 电源关断时，接通	D8009	DC 24 V 断电单元编号	DC 状态 24 V 失电的基本单元、拓展单元中最小输入元件地址号

2. 时钟

编号	名称	动作功能	编号	名称	寄存器内容
M8010			D8010	当前扫描值	由第 0 步开始的累计执行时间（0.1 ms 为单位）
M8011	10 ms 时钟	10 ms 周期振荡	D8011	最小扫描时间	扫描时间的最小值（0.1 ms）
M8012	10 ms 时钟	10 ms 周期振荡	D8012	最大扫描时间	扫描时间的最大值（0.1 ms）
M8013	1 s 时钟	1 s 周期振荡	D8013	0～59 s 预置值或当前值	注：（1）D8013～D8019 的时钟数据停电保持（2）D8018（年）数据可切换至 1980～2079 的公历纪年 4 位模式
M8014	1 min 时钟	1 min 周期振荡	D8014	0～59 min 预置值或当前值	
M8015	实时时钟的停止和预置		D8015	0～23 h 预置值或当前值	
M8016	实时时钟的显示停止		D8016	1～31 d 预置值或当前值	
M8017	实时时钟的±30 s 修正		D8017	1～12 m 预置值或当前值	
M8018	实时时钟的安装检测	常时 ON	D8018	公历纪年后 2 位（0～99）预置值或当前值	
M8019	实时时钟的（RTC）出错		D8019	0（星期日）～6（星期六）预置值或当前值	

3. 标志

编号	名称	动作功能	编号	名称	寄存器内容
M8020	零标志	参加运算的结果为 0 时置位	D8020	输入滤波调整	X000 ～ X017 的输入滤波数值 0～60（初始值为 10 ms）
M8021	错位标志	减法运算结果小于最小负数值时置位	D8021		
M8022	进位标志	加法运算结果发生进位或有溢出时置位	D8022		
M8023			D8023		
M8024	BMOV 方向指定（FNC15）		D8024		
M8025	HSC 模式（FNC53～55）		D8025		
M8026	RAMP 方式（FNC67）		D8026		
M8027	PR 方式（FNC77）		D8027		
M8028	执行 FROM/T0 指令过程中允许中断（FNC78、79）		D8028	寻址寄存器 Z0（Z）的内容	注：Z1～Z7、V1～V7 的内容保存于 D8182～D8195
M8029	指令执行完成标志		D8029	寻址寄存器 V0（V）的内容	

4. PLC 模式

编号	名称	动作功能	编号	名称	寄存器内容
M8030	电池 LED 熄灭	驱动 M8030 后，即使电池电压过低，PLC 面板上的 LED 也不会点亮	D8030		
M8031	非保持寄存器全部清除	当 M8031 和 M8032 为 ON 状态时，可以将 Y、M、S、T、C 的映像寄存器及 T、D、C 的当前值寄存器全部清零，特殊寄存器和文件寄存器不清除	D8031		
M8032	保持寄存器全部清除	PLC 由 RUN 状态→STOP 状态时，将映像寄存器和数据寄存器的内容保存下来	D8032		
M8033	寄存器保持停止	将 PLC 的外部输出触点全部置于 OFF 状态	D8033		

续表

编号	名称	动作功能	编号	名称	寄存器内容
M8034	所有输出禁止	通过 PLC 参数设定，使外部 RUN/STOP 按钮输入有效，可实现双开关控制 PLC 的启动/停止	D8034		
M8035	强制运行模式		D8035		
M8036	强制运行指令		D8036		
M8037	强制停止指令		D8037		
M8038	参数设定	通信参数设定标志（简易 PLC 间链接设定用）	D8038		
M8039	恒定扫描模式	当 M8039 为 ON 状态时，PLC 直到 D8039 指定的扫描时间到达后才执行循环扫描	D8039	恒定扫描时间	初始值 0 ms（以 1 ms 为单位），当电源为 ON 状态时，由系统 ROM 传送，能够通过程序进行更改

5. 步进顺控

编号	名称	动作功能	编号	名称	寄存器内容
M8040	转移禁止		D8040	ON 状态地址号 1	将状态 S0～S899 中正在动作的状态最小地址号保存入 D8040 中，将紧随其后的 ON 状态地址号保存入 D8041 中，以下一次顺序保存 8 点元件，将其中最大元件保存入 D8047 中
M8041	转移开始		D8041	ON 状态地址号 2	
M8042	起动脉冲		D8042	ON 状态地址号 3	
M8043	回归完成		D8043	ON 状态地址号 4	
M8044	原点条件		D8044	ON 状态地址号 5	
M8045	所有输出复位禁止		D8045	ON 状态地址号 6	
M8046	STL 状态动作		D8046	ON 状态地址号 7	
M8047	STL 监视有效		D8047	ON 状态地址号 8	
M8048	信号报警动作		D8048		
M8049	信号报警有效		D8049	ON 状态最小地址号	保存处于 ON 状态报警继电器 S900～S999 的最小地址号

6. 中断禁止

编号	名称	动作功能	编号	名称	寄存器内容
M8050	100□禁止	执行 EI（FNC04）开中断指令后，可通过相应特殊辅助继电器禁止个别中断输入例如，当 M8050 为 ON 状态时，100□中断被禁止	D8050	未使用	
M8051	110□禁止		D8051		
M8052	120□禁止		D8052		
M8053	130□禁止		D8053		
M8054	140□禁止		D8054		
M8055	150□禁止		D8055		
M8056	160□禁止		D8056		
M8057	170□禁止		D8057		
M8058	180□禁止		D8058		
M8059	190□禁止	禁止来自 I010～I060 的中断	D8059		

7. 错误检测

编号	名称	动作功能		编号	名称	寄存器内容
		PROG - ELED	PLC 状态			
M8060	I/O 构成错误	OFF	RUN	D8060		引起 I/O 错误的起始地址号
M8061	PC 硬件错误	闪烁	STOP	D8061		PC 硬件错误的代码序号
M8062	PC/PP 通信错误	OFF	RUN	D8062		PC/PP 通信错误的代码序号
M8063	并联连接错误	OFF	RUN	D8063		并联连接通信错误的代码序号
M8064	参数错误	闪烁	STOP	D8064		参数错误的代码序号
M8065	语法错误	闪烁	STOP	D8065		语法错误的代码序号
M8066	回路错误	闪烁	STOP	D8066		回路错误的代码序号
M8067	运算错误	OFF	RUN	D8067		运算错误的代码序号
M8068	运算错误锁存	OFF	RUN	D8068		锁存发生运算错误的代码序号
M8069	输出刷新错误	OFF	RUN	D8069		M8065～7 的错误发生的代码序号

8. 并联连接功能

编号	名称	动作功能	编号	名称	寄存器内容
M8070		并联连接,主站时驱动	D8070		并联连接错误判断时间 500 ms
M8071		并联连接,从站时驱动	D8071		
M8072		并联连接,运行时为 ON 状态	D8072		
M8073		并联连接,M8070/M8073	D8073		

9. 采样跟踪

编号	名称	动作功能	编号	名称	寄存器内容
M8074			D8074		采样剩余次数
M8075	采样跟踪,准备开始指令		D8075		采样次数的设定（1～512）
M8076	采样跟踪,准备完成,执行开始指令		D8076		采样周期
M8077	采样跟踪,执行中监视		D8077		触发指定

续表

编号	名称	动作功能	编号	名称	寄存器内容
M8078	采样跟踪，执行完成监视		D8078		出发条件元件地址号设定
M8079	跟踪次数超过 521 次时为 ON 状态		D8079		采样数据指针
M8080			D8080		位元件地址号 NO. 0
M8081			D8081		位元件地址号 NO. 1
M8082			D8082		位元件地址号 NO. 2
M8083			D8083		位元件地址号 NO. 3
M8084			D8084		位元件地址号 NO. 4
M8085			D8085		位元件地址号 NO. 5
M8086			D8086		位元件地址号 NO. 6
M8087			D8087		位元件地址号 NO. 7
M8088			D8088		位元件地址号 NO. 8
M8089			D8089		位元件地址号 NO. 9
M8090			D8090		位元件地址号 NO. 10
M8091			D8091		位元件地址号 NO. 11
M8092			D8092		位元件地址号 NO. 12
M8093			D8093		位元件地址号 NO. 13
M8094			D8094		位元件地址号 NO. 14
M8095			D8095		位元件地址号 NO. 15
M8096			D8096		字元件地址号 NO. 0
M8097			D8097		字元件地址号 NO. 1
M8098			D8098		字元件地址号 NO. 2

10. 高速环形计数器

编号	名称	动作功能	编号	名称	寄存器内容
M8099		高速环形计数器动作	D8099		0～32 767（0.1 ms 为单位）上升动作，环形计数器

11. 输出刷新

编号	名称	动作功能	编号	名称	寄存器内容
M8109		输出刷新错误	D8109		输出刷新错误发生的输出地址号保存 0、10、20……

12. 通信链接用

编号	名称	动作功能	编号	名称	寄存器内容
M8120			D8120		通信格式（停电保持）
M8121	RS232C		D8121		站号设定（停电保持）
M8122	RS232C		D8122		RS232C 传送数据剩余数
M8123	RS232C		D8123		RS232C 接收数据数
M8124	RS232C		D8124		起始符（8 位）初始值 STX
M8125			D8125		起始符（8 位）初始值 STX
M8126	全局信号		D8126		
M8127	请求式握手信号		D8127		请求式用起始地址号指定
M8128	请求式错误标志		D8128		请求式数据量指定
M8129	请求式/字节或超时判断		D8129		超时判断时间（停电保持）

13. N 对 N 通信链接

编号	名称	动作功能	编号	名称	寄存器内容
M8180			D8170		
M8181			D8171		
M8182			D8172		
M8183	主站数据传送错误标志	主站	D8173		本站站号设定状态
M8184		1 号站	D8174		通信子站设定状态
M8185		2 号站	D8175		刷新范围设定状态
M8186	从站数据传送错误标志	3 号站	D8176		本站站号设定
M8187		4 号站	D8177		通信子站数设定
M8188		5 号站	D8178		刷新范围设定
M8189		6 号站	D8179		重试次数
M8190		7 号站	D8180		监视时间
			D8200		当前连接扫描时间
			D8201		最大连接扫描时间
			D8202	主站数据传送错误数值	主站
			D8203		1 号站
			D8204		2 号站
			D8205	从站数据传送错误计数值	3 号站
			D8206		4 号站
			D8207		5 号站
			D8208		6 号站
			D8209		7 号站
			D8210		
			D8211	主站数据传送错误代码	主站

续表

编号	名称	动作功能	编号	名称	寄存器内容
			D8212		1 号站
			D8213		2 号站
			D8214	从站数据传送错误代码	3 号站
			D8215		4 号站
			D8216		5 号站
			D8217		6 号站
			D8218		7 号站
			D8219		

14. 高速平台、定位

编号	名称	动作功能	编号	名称	寄存器内容	
M8130		HSZ/（FNC55）指令平台比较模式	D8130		高速比较平台计数器 HSZ	
M8131		HSZ/（FNC55）指令执行完成标志	D8131		速度模型平台计数器 HSZ、PLSY	
M8132		HSZ/（FNC55）、PLSY（FNC57）速度模型模式	D8132		HSZ/（FNC55）、PLSY（FNC57）速度模型频率	低位
M8133		HSZ/（FNC55）、PLSY（FNC57）指令执行完成标志	D8133			空
M8134			D8134		HSZ/（FNC55）、PLSY（FNC57）速度模型目标脉冲数	低位
M8135			D8135			高位
M8136			D8136		向 Y000、Y001 输出的脉冲合计数的累计值	低位
M8137			D8137			高位
M8138			D8138			
M8139			D8139			
M8140			D8140		HSZ/（FNC55）、PLSY（FNC57）向 Y000 输出的脉冲数的累计或使用定位指定的当前值地址	低位
M8141			D8141			高位
M8142			D8142		HSZ/（FNC55）、PLSY（FNC57）向 Y001 输出的脉冲数的累计或使用定位指令的当前值地址	低位
M8143			D8143			高位

15. 扩充功能

编号	名称	动作功能	编号	名称	寄存器内容
M8158			D8158		
M8159			D8159		
M8160		XCH（FNC17）的 SWAP 功能	D8160		
M8161		8 位处理模式	D8161		
M8162		高速并联模式	D8162		
M8163			D8163		
M8164		FROM/TO（FNC79/80）传输点可变模式	D8164		FROM/TO （FNC79/80）传输点数设定
M8165			D8165		
M8166		HEY（FNC71）HEX 数据处理功能	D8166		
M8167		SMOV（FNC13）的 HEX 处理功能	D8167		
M8168			D8168		
M8169			D8169		

16. 脉冲捕捉

编号	名称	动作功能	编号	名称	寄存器内容
M8170		输入 X000 脉冲捕捉			
M8171		输入 X001 脉冲捕捉			
M8172		输入 X002 脉冲捕捉			
M8173		输入 X003 脉冲捕捉			
M8174		输入 X004 脉冲捕捉			
M8175		输入 X005 脉冲捕捉			

17. 变址寄存器当前值

编号	名称	动作功能	编号	名称	寄存器内容
M8028		Z0（Z）寄存器的内容	D8028		
M8029		V0（V）寄存器的内容	D8029		
M8082		V1 寄存器的内容	D8082		
M8083		V1 寄存器的内容	D8083		
M8084		V2 寄存器的内容	D8084		
M8085		V2 寄存器的内容	D8085		
M8086		V3 寄存器的内容	D8086		
M8087		V3 寄存器的内容	D8087		
M8088		V4 寄存器的内容	D8088		
M8089		V4 寄存器的内容	D8089		
M8090		V5 寄存器的内容	D8090		
M8091		V5 寄存器的内容	D8091		

续表

编号	名称	动作功能	编号	名称	寄存器内容
M8092		V6 寄存器的内容	D8092		
M8093		V6 寄存器的内容	D8093		
M8094		V7 寄存器的内容	D8094		
M8095		V7 寄存器的内容	D80		

18. 内部增/减型计数器计数方向

编号	对象计数器地址号	动作功能	编号	名称	寄存器内容
M8200～M8234	C200～C234	当 M8□□□ 为 ON 状态时，C□□□为减计算模式；当 M8□□□ 为 OFF 状态时，C□□□ 为加计数模式	D8200～D8234		

19. 高速计数器的技术方向及监控

区分	编号	对象计数器地址号	动作功能
单相单输出	M8235～M8245	C235～C245	当 M8□□□为 ON 状态时，C□□□为减计算模式； 当 M8□□□为 OFF 状态时，C□□□为加计数模式
两相单输出	M8246～M8250	C246～C250	当 M8□□□为 ON 状态时，两相单输入计数器或两相双输入计数器 C□□□为减计算模式； 当 M8□□□为 OFF 状态时，C□□□为加计数模式
两相双输出	M8251～M8255	C251～C255	

FX₂N系列 PLC 的基本指令

名称	逻辑功能	可用元件	程序步
取指令 LD	动合触点与左母线相连，开始逻辑运算	X、Y、M、T、C、S	1
取反指令 LDI	动断触点与左母线相连，开始逻辑运算	X、Y、M、T、C、S	1
输出指令 OUT	驱动线圈输出运算效果	Y、M、T、C、S	1～5
结束指令 END	程序结束，返回第 0 步	无	1
与指令 AND	单个动合触点与前面的触点串联连接	X、Y、M、T、C、S	1
与非指令 ANI	单个动断触点与前面的触点串联连接	X、Y、M、T、C、S	1
或指令 OR	单个动合触点与上面的触点并联连接	X、Y、M、T、C、S	1
或非指令 ORI	单个动断触点与上面的触点并联连接	X、Y、M、T、C、S	1
块与指令 ANB	多个并联电路块的串联连接	无	1
块或指令 OR	多个串联电路块的并联连接	无	1
进栈指令 MPS	存储分支点的运算结果	无	1
读栈指令 MRD	读取由 MPS 指令所存储的运算结果	无	1
出栈指令 MPP	读取并清除由 MPS 指令所存储的运算结果	无	1

续表

名称	逻辑功能	可用元件	程序步
上升沿微分指令 PLS	检测到输入触发信号的上升沿时，指定继电器接通一个扫描周期，然后复位	Y、M（特殊 M 除外）	1
下降沿微分指令 PLF	检测到输入触发信号的下降沿时，指定继电器接通一个扫描周期，然后复位	Y、M（特殊 M 除外）	1
取脉冲上升沿指令 LDP	上升沿脉冲运算开始	X、Y、M、T、C、S	2
取脉冲下降沿指令 LDF	下降沿脉冲运算开始	X、Y、M、T、C、S	2
与脉冲上升沿指令 ANDP	上升沿脉冲串联连接	X、Y、M、T、C、S	2
与脉冲下降沿指令 ANDF	下降沿脉冲并联连接	X、Y、M、T、C、S	2
或脉冲上升沿指令 ORP	上升沿脉冲并联连接	X、Y、M、T、C、S	2
或脉冲下降沿指令 ORF	下降沿脉冲串联连接	X、Y、M、T、C、S	2
主控指令 MC	公共串联触点的连接；当执行 MC 指令后，左母线转移到 MC 触点的后面	Y、M（特殊 M 除外）	3
主控复位指令 MCR	公共串联触点的清除，执行 MCR 指令后，恢复左母线的位置	无	2
置位指令 SET	使指定的软元件接通（ON）并保持	Y、M、S	1~2
复位指令 RST	使指定的软元件断开（OFF）并保持	Y、M、S、T、C、D、V、Z	1~3
取反指令 INV	运算结果取反	无	1
空操作 NOP	无动作	无	1

附录4

FX_{2N}系列 PLC 的功能指令

分类	FNC NO.	指令助记符	功能
程序流程	00	CJ	条件跳转
	01	CALL	子程序调用
	02	SERT	子程序返回
	03	IRET	中断返回
	04	EI	中断许可
	05	DI	中断禁止
	06	FEND	主程序结束
	07	WDT	监控定时器
	08	FOR	循环范围开始
	09	NEXT	循环范围结束
传送与比较	10	CMP	比较
	11	ZCP	区间比较
	12	MOV	传送
	13	SMOC	移位传送
	14	CML	取反传送
	15	BMOV	块传送
	16	FMOF	多点传送交换
	17	XCH	交换
	18	BCD	求 BCD 码
	19	BIN	求二进制数

续表

分类	FNC NO.	指令助记符	功能
四则逻辑运算	20	ADD	二进制数加法
	21	SUB	二进制数减法
	22	MUL	二进制数乘法
	23	DIV	二进制数除法
	24	INC	二进制数加 1
	25	DEC	二进制数减 1
	26	WAND	逻辑字与
	27	WOR	逻辑字或
	28	WXOR	逻辑字异或
	29	NEG	求补码
循环位移	30	ROR	循环右移
	31	ROL	循环左移
	32	RCR	带进位的循环右移
	33	RCL	带进位的循环左移
	34	SFTR	位右移
	35	SFTL	位左移
	36	WSFR	字右移
	37	WSFL	字左移
	38	SFWR	移位写入
	39	SFRD	移位写出
数据处理	40	ZRST	批次复位
	41	DECO	译码（解码）
	42	ENCO	编码
	43	SUM	求置 ON 位的总和
	44	BON	ON 位判断
	45	MEAN	平均值
	46	ANS	信号报警器置位
	47	ANR	信号报警器复位
	48	SOR	二进制平方根
	49	FLT	二进制整数与二进制浮点数转换
高速处理	50	REF	输入/输出刷新
	51	REFF	输入滤波时间常数调整
	52	MTR	矩阵输入
	53	HSCS	比较置位（高速计数）
	54	HSCR	比较复位（高速计数）
	55	HSZ	区间比较（高速计数）
	56	SPD	脉冲密度
	57	PLSY	脉冲输出
	58	PWM	脉宽调制
	59	PLSR	可调速脉冲输出

续表

分类	FNC NO.	指令助记符	功能
方便指令	60	IST	初始化状态
	61	SER	数据查找
	62	ABSD	凸轮控制（绝对方式）
	63	INCD	凸轮控制（增量方式）
	64	TIMR	示教定时器
	65	STMR	特殊定时器
	66	ALT	交替输出
	67	RAMP	斜坡信号
	68	ROTC	旋转工作台控制
	69	SROT	数据排序
外围设备 I/O	70	TKY	十键输入
	71	HKY	十六键输入
	72	DSW	数字开关
	73	SEGD	七段译码
	74	SEGL	带锁存七段译码
	75	ARWS	方向开关
	76	ASC	ASCII 码转换
	77	PR	ASCII 码打印输出
	78	FORM	BFM 读出
	79	TO	BFM 写入
外围设备 SER	80	RS	串行通信传送
	81	PRUN	8 禁止位传送
	82	ASCI	HEX→ASCII 码转换
	83	HEX	ASCII→HEX 码转换
	84	CCD	校验码
	85	VRRD	模拟量输入
	86	VRSE	模拟开关设定
	87		
	88	PID	PID 回路运算
	89		
浮点数	110	ECMP	二进制浮点数比较
	111	EZCP	二进制浮点数区间比较
	118	EBCD	二进制浮点数转换十进制浮点数
	119	EBIN	十进制浮点数转换二进制浮点数
	120	EADD	二进制浮点数加法
	121	ESUB	二进制浮点数减法
	122	EMUL	二进制浮点数乘法
	123	EDIV	二进制浮点数除法
	127	ESOR	二进制浮点数开方
	129	INT	二进制浮点数−BIN 整数转换
	130	SIN	浮点数正弦运算
	131	COS	浮点数余弦运算
	132	TAN	浮点数正切运算

续表

分类	FNC NO.	指令助记符	功能
	147	SWAP	高低位变换
时钟运算	160	TCMP	时钟数据比较
	161	TZCP	时钟数据区间比较
	162	TADD	时间数据加法
	163	TSUB	时间数据减法
	166	TRD	时间数据读出
	167	TWR	时间数据读入
格雷码转换	170	GRY	格雷码变换
	171	GBIN	格雷码逆变换
触点比较	224	LD (D)=	[S1]=[S2] 时，运算的触点接通
	225	LD (D)>	[S1]>[S2] 时，运算的触点接通
	226	LD (D)<	[S1]<[S2] 时，运算的触点接通
	227	LD (D)<>	[S1]≠[S2] 时，运算的触点接通
	228	LD (D)<=	[S1]≤[S2] 时，运算的触点接通
	229	LD (D)>=	[S1]≥[S2] 时，运算的触点接通
	230	LD (D)=	[S1]=[S2] 时，运算的触点接通
	232	AND (D)>	[S1]>[S2] 时，串联触点接通
	233	AND (D)<	[S1]<[S2] 时，串联触点接通
	234	AND (D)<>	[S1]≠[S2] 时，串联触点接通
	236	AND (D)<=	[S1]≤[S2] 时，串联触点接通
	237	AND (D)>=	[S1]≥[S2] 时，串联触点接通
	238	AND (D)=	[S1]=[S2] 时，串联触点接通
	240	OR (D)>	[S1]>[S2] 时，并联触点接通
	241	OR (D)<	[S1]<[S2] 时，并联触点接通
	242	OR (D)<>	[S1]≠[S2] 时，并联触点接通
	245	OR (D)<=	[S1]≤[S2] 时，并联触点接通
	246	OR (D)>=	[S1]≥[S2] 时，并联触点接通